普通高等教育土木工程专业系列教材

排水管网与水泵站

PAISHUIGUAN WANG YU SHUIBENGZHAN

主编 吕永涛 王 磊

西安交通大学出版社
XI'AN JIAOTONG UNIVERSITY PRESS

国 家 一 级 出 版 社
全国百佳图书出版单位

图书在版编目(CIP)数据

排水管网与水泵站/吕永涛,王磊主编.—西安:
西安交通大学出版社,2021.6
ISBN 978-7-5693-1646-9

Ⅰ.①排… Ⅱ.①吕… ②王… Ⅲ.①市政工程—排水管道—管网
②市政工程—排水泵—泵站 Ⅳ.①TU992.2

中国版本图书馆 CIP 数据核字(2021)第 075310 号

书　　名	排水管网与水泵站	
主　　编	吕永涛　王　磊	
责任编辑	郭鹏飞	
责任校对	李　佳	

出版发行	西安交通大学出版社
	(西安市兴庆南路 1 号　邮政编码 710048)
网　　址	http://www.xjtupress.com
电　　话	(029)82668357　82667874(发行中心)
	(029)82668315(总编办)
传　　真	(029)82668280
印　　刷	西安日报社印务中心

开　　本	787mm×1092mm　1/16　　**印张** 8.5　　**字数** 213 千字
版次印次	2021 年 6 月第 1 版　　2021 年 6 月第 1 次印刷
书　　号	ISBN 978-7-5693-1646-9
定　　价	29.80 元

订购热线:(029)82665248　(029)82665249
投稿热线:(029)82668254
读者信箱:1410465857@qq.com

前　言

　　水污染控制工程是环境工程专业的核心课程之一,其设计教学环节需要排水管网、泵站等相关知识作为支撑。本教材将排水工程中涉及排水管网与提升泵站的相关内容编写成书,对完善环境工程课程体系建设具有重要作用,本书内容适合32学时左右的教学安排。

　　全书分为5章,第1章为排水系统概论,第2～4章分别阐述了污水管道系统、雨水管渠系统和合流制管渠系统的水力计算方法与设计案例,第5章阐述了污水泵站及其设计案例。全书内容紧凑,具有系统、全面、科学和实用的特点,注意了与相关课程的区别和联系。

　　本书由吕永涛副教授和王磊教授主编。具体分工为:吕永涛(第2、3章和第5章的5.1节),王磊(第1章和第4章的4.5节),王旭东(第4章的4.1～4.4节),苗瑞(第5章的5.2节和5.3.1～5.3.6小节),孙婷(第5章的5.3.7～5.3.8小节)。全书由吕永涛统稿,杨永哲教授主审。编写本书时参阅并引用了国内外有关书籍、文献和资料,西安建筑科技大学的陈啸林、张旭阳和冯成杰等研究生参与了部分资料的整理与加工工作;西安建筑科技大学的多届本科生为本教材的修订提出了积极建议,在此一并表示感谢。

　　由于编者学术水平有限,书中错误与不足之处在所难免,热诚欢迎读者批评指正。本书可作为环境工程、给水排水工程(给水排水科学与工程)等有关工程技术人员的设计参考用书,也可作为高等院校环境工程专业和给水排水工程专业本科生的教学参考书。

编　者

2020 年 12 月

目 录

第1章 排水系统概论

1.1 排水系统的对象及特点

人类生活和工农业生产过程中会使用大量水资源。水在使用后受到不同程度的污染,其原有的物理性质或化学成分发生了改变,这些水就称为污水。按来源不同,污水又可分为生活污水和工业废水,二者排入城镇污水管网系统后统称为城市污水。城市污水必须经过妥善处理后方可排入水体或再利用。此外,雨水和冰雪融水等降水也需要及时排除,否则不仅妨碍交通,还影响人们的日常生活和工业生产,甚至危及人们的生命财产安全。因此,排水系统的对象包括生活污水、工业废水和降水3类。

1.生活污水

生活污水是指人们日常生活中产生的污水,主要来源包括居住小区、公共建筑(例如商场、学校、宾馆、医院、车站和公共浴室等)和工业企业的职工生活区。通常所说的生活污水是指前两者,后者的流量统计在工业企业产生的废水中。

生活污水的水量随时间和空间而发生变化,例如,在一天中,12:00—14:00 时段污水量较大,凌晨 2:00—4:00 时段污水量较小;在一年中,夏季的污水量通常大于冬季。北方的人均污水量小于南方地区,西部地区人均污水量小于东部地区。

根据《2019 年中国水资源公报》,我国城镇人均生活用水量(含公共用水)为 225 L/d,比2010 年增加了 16.6%,但增幅逐年趋缓。人均生活用水量的增加导致生活污水量呈上升趋势。生活污水的水质相对简单,可生物降解的成分多,主要污染物包括有机污染物(如蛋白质、动植物脂肪、碳水化合物等)、营养性污染物(氮、磷等)以及粪便中常出现的病原微生物等。因此,生活污水通常只需经过化粪池等简单构筑物处理,达到《污水排入城镇下水道水质标准》(GB/T 31962—2015)后即可排至城镇污水管网系统,最终汇至城镇污水处理厂,处理后排入地表水体或再生回用。

2.工业废水

工业废水是指在工业生产过程中产生的废水,来自工业企业的生产车间或矿场。根据污染程度不同,工业废水可分为生产废水和生产污水两类。

生产废水是指在使用过程中受到轻度污染或水温稍有增高的水。例如,冷却水,通常经简单处理后即可在生产工艺中循环使用。生产污水是指在使用过程中受到较严重污染的水,危害性相对较大。

受生产工艺、工序以及规模等影响,工业废水的水量时刻发生着变化,一旦产品的规模稳定后,一般认为每天产生的工业废水量变化不大。

行业类别的差异导致工业废水的水质千差万别；即使相同行业，因原辅材料、工艺过程及产品规模不同，所产生工业废水的水质也会有所差异。例如，淀粉厂、啤酒厂等企业产生的高浓度有机废水，化肥厂、合成氨等企业产生的高浓度含氮废水，电镀企业产生的废水则含有铬、镍等重金属物质。此外，一些大型工业企业，不同车间产生不同性质的污废水。通常，生产污水中的有毒有害物质往往又是工业原料，对这种废水应优先进行回收利用，不能利用的，须经工业企业的污水处理站处理，达到相应的行业或污水综合排放标准，以及《污水排入城镇下水道水质标准》(GB/T 31962—2015)后，方可排至城镇污水管网系统。

3.降水

降水包括液态降水(如降雨)和固态降水(如降雪、冰雹等)。暴雨的危害最为严重，由于短时间形成的径流量很大，若不及时排除，居住区、工厂、仓库等将被淹没，交通受阻，危及人们的生命财产安全，因此，降雨是排水的主要对象。

降雨的季节性很强，空间分布也不均匀，例如，我国长江以南地区的降雨量和频率远超过西北地区。需在多年降雨统计资料获得暴雨强度公式的基础上，通过经验公式计算获得降雨量。

雨水一般比较清洁，无需处理即可就近排入水体。但是，初期雨水所形成的径流会挟带着大气、地面和屋面上的各种污染物质。例如，某些大气污染严重的地区，出现酸雨，严重时 pH 值可低至 3.4。因此，有的国家对污染严重地区的雨水径流排放作了严格要求，如工业区、高速公路、机场等地区的雨水要经过沉淀、撇油等处理后方可排放。

1.2 排水体制及其选择

1.2.1 排水体制

收集、输送、处理、再生和处置污水和雨水的设施以一定方式组合成的总体称为排水系统。在一个区域内收集、输送污水和雨水的方式，称为排水系统的排水体制，简称排水体制。排水体制有合流制和分流制两种基本方式，如图 1-1 所示。

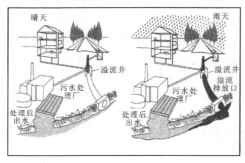
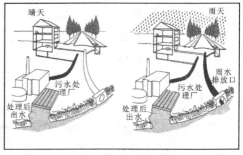

(a) 合流制　　　　　　　　　　　　　　(b) 分流制

图 1-1　排水体制

1.合流制

合流制是指用同一管渠系统收集、输送污水和雨水的排水方式，又分为直排式合流制和截流式合流制。

雨污混合水不经处理直接排入水体,这种排放方式称为直排式合流制(见图 1-2),是国内外早期采用的主要排放方式。随着经济发展,工业废水排放量日趋增大,这种未经任何处理直接排放污水的方式导致水体遭受严重污染,因此,直排式合流制逐渐被改造。

截流式合流制,是在直排式合流制的基础上,通过建造一条截流干管,并设置溢流井(或称截流井),将部分混合污水收集至下游污水处理厂进行处理,如图 1-3 所示。

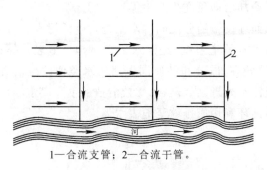

1—合流支管;2—合流干管。

图 1-2　直排式合流制

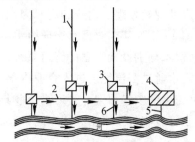

1—合流干管;2—截流主干管;3—溢流井;
4—污水处理厂;5—出水口;6—溢流出水口。

图 1-3　截流式合流制

截流式合流制系统中,晴天和降雨初期,所有污水都输送至污水处理厂处理;随着降雨量以及雨水径流的增大,当混合污水流量超过截流管的输水能力后,部分混合污水经溢流井溢出,排入水体。由于这种排水系统简单易行,节省投资,且与直排式合流制相比,能大量降低污染物的排放,因此,在国内外旧城市(区)的排水系统改造工程中经常被采用。

2.分流制

分流制是指用不同管渠系统分别收集、输送污水和雨水的排水方式。排除城市污水或工业废水的系统称为污水管道系统;排除雨水的系统称为雨水管渠系统。分流制又分为完全分流制和不完全分流制两种排水系统,分别如图 1-4 和图 1-5 所示。

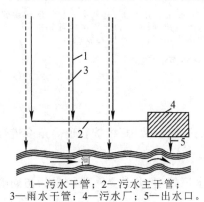

1—污水干管;2—污水主干管;
3—雨水干管;4—污水厂;5—出水口。

图 1-4　完全分流制

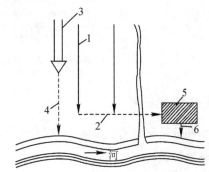

1—污水干管;2—污水主干管;3—原有管渠;
4—雨水管渠;5—污水处理厂;6—出水口。

图 1-5　不完全分流制

完全分流制包括完善的污水和雨水排放系统。而不完全分流制则只有污水排放系统,因区域的发展程度或建设费用缺乏等原因,未建或只修建了部分雨水排放系统,雨水沿天然地面、街道边沟、水渠等渠道系统排泄,待进一步发展后再完善为完全分流制排水系统。

综上,在一座城市中,可能是混合排水体制,即既有分流制也有合流制。尤其在大城市中,因各区域的自然条件以及发展程度相差较大,因地制宜地在各区域采用不同的排水体制也是合理的。

在工业企业中,工业废水的成分复杂、性质差异大,不仅不宜与生活污水混合,不同工业废水之间也不宜混合,否则将造成污水处理复杂化,并对污水再生回用以及有用物质的回收造成困难。因此,应遵循"雨污分流、分质分流"的收集原则。根据《污水综合排放标准》(GB 8978—1996)规定,对含有第一类污染物的生产废水,应在车间局部处理达标后,才允许与其他污水混合进入污水处理站处理。而冷却废水因水质清洁,经冷却后即可在生产中循环使用。

图 1-6 为某企业具有循环给水系统和局部处理设施的分流制排水系统。生活污水、生产废水、雨水分别设置独立的管道系统。雨水进入雨水管道系统,经雨水出水口排至地表水体;初期雨水通过截流管道进入企业内部污水处理站处理;成分和性质同生活污水类似的生活废水,可与生活废水用同一管道系统收集并输送至污水处理站处理;水质较清洁的生产废水经特殊污水管道收集至废水利用车间,经简单处理后循环利用或排放至地表水体。

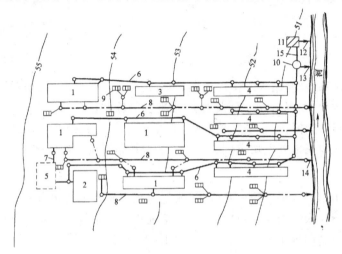

1—生产车间;2—办公楼;3—值班宿舍;4—职工宿舍;5—废水利用车间;6—生产与生活污水管道;
7—特殊污水管道;8—雨水管道;9—雨水口;10—污水泵站;11—废水处理站;
12—污水出水口;13—事故排出口;14-雨水出水口;15—压力管道。

图 1-6 某企业排水系统总平面示意图

1.2.2 排水体制的特点

合流制和分流制各有优缺点,下面分别从环境保护、建设费用、维护管理等角度进行比较。

1.环境保护角度

截流式合流制同时将污水和部分雨水输送至污水厂处理,尤其是污染较重的初期雨水,这对保护水体是有利的。另一方面,暴雨时通过溢流井将部分雨污混合水排入水体,给水体造成一定程度的污染,是不利的。

分流制将全部污水输送至污水厂处理,是其主要优点;但初期雨水未经处理直接排入水体是其不足之处。

究竟哪一种排水体制对水环境较为有利,要根据当地的卫生条件、大气污染程度、降雨量等具体条件分析比较才能确定。随着城市卫生条件以及大气污染程度的改善,一般认为,分流制在保护环境、防治水体污染方面优于合流制。因此,在新建城区的排水系统中得到广泛采用。

2.建设费用角度

排水系统的建设费用主要包括管渠系统建设费用、提升泵站建设费用以及污水处理厂建设费用三部分。

据资料统计,合流制比分流制管渠的长度减少 30％～40％,而断面尺寸和分流制的雨水管渠基本相同,因此,对于管渠系统而言,合流制管渠的建设费用一般要比分流制低。而且,合流制管渠系统减少了与其他地下管线、构筑物的交叉,施工较简单。

对于提升泵站和污水厂而言,合流制因提升和处理的水量大,因此建设费用也高。

一般而言,管渠造价在排水系统总造价中占比较大,占比为 70％～80％,所以,分流制的总造价较合流制的高。

3.维护管理角度

对于管渠系统而言,分流制的污水管道需要定期疏通,增加维护管理费用;而合流制管渠系统维护管理较简单,可利用雨天剧增的雨水流量来冲刷管渠中的沉积物,进而降低管渠的维护管理费用。

对于泵站与污水处理厂,合流制因规模大建设费用高,且晴天和雨天的水量、水质变化大,导致泵站与污水厂的运行管理复杂,运行费用高。分流制的污水水量、水质变化相对较小,较利于污水厂的运行管理。

1.2.3　排水体制的选择

合理选择排水体制,是城市排水系统规划中一项十分重要又很复杂的内容。它关系到整个排水系统是否实用,能否满足环境保护的要求,同时也影响排水工程的建设投资和运行费用。

排水体制的选择应根据区域的总体规划,结合当地的气候特征、水文条件、水体环境状况、原有排水设施及建设条件等因素综合考虑,通过技术经济比较进行确定。

我国《室外排水设计标准》(GB50014—2021)规定:除降雨量少的干旱地区外,新建地区的排水系统应采用分流制。

同一城镇的不同地区可采用不同的排水体制。现有合流制排水系统应通过截流、调蓄和处理等措施,控制溢流污染,应按城镇排水规划的要求,经方案比较后实施雨污分流改造。

1.3　排水系统的组成及布置形式

排水系统包括了污水和雨水的收集、输送、处理以及排放和利用等设施,下面分别对城镇污水管道、雨水管渠和工企业内部排水系统的组成进行介绍。

1.3.1　城镇污水管道系统的组成

1.室内污水管道系统及设备

室内污水管道系统及设备的作用是收集生活污水,并将其输送至室外居住小区的污水管道。

在住宅及公共建筑内，各种卫生设备(水槽、水盆、坐便器等)既是人们用水的器具，也是产生污水的器具，又是排水系统的起端设备。生活污水从这里经水封管、支管、竖管和出户管等室内管道系统汇入室外居住小区管道系统。与室外居住小区管道的连接点处设置检查井，供检查和清通管道使用。

2.室外污水管道系统

敷设在地面下的依靠重力输送污水至污水处理厂，并将处理后的污水排放至受纳水体或再生回用的管道系统称为室外污水管道系统，它又分为居住小区管道系统、街道管道系统和附属构筑物。

1)居住小区管道系统

居住小区管道系统是指敷设在居住小区内，连接建筑物出户管的污水管道系统，分为接户管、小区支管和小区干管。接户管是指接纳建筑物各出户污水管的污水管道；小区支管是指与接户管连接的污水管道；小区干管是指接纳各小区支管的污水管道，一般布置在小区道路下。居住小区污水排放口的数量和位置的确定，要取得相关部门同意。室内外排水系统示意图如图1-7所示。

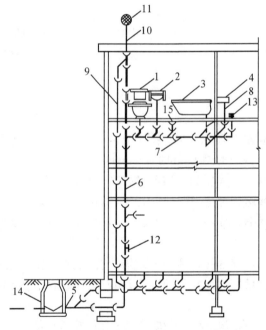

1—坐便器；2—洗脸盆；3—浴盆；4—厨房洗涤盆；5—排水出户管；
6—排水立管；7—排水横支管；8—器具排水管；9—专用通气管；
10—伸顶通气管；11—通风帽；12—检查口；13—清扫口；14—排水检查井。

图1-7 室内外排水系统示意图

2)街道污水管道系统

街道污水管道系统是指敷设在街道下，用以收集并输送来自居住小区污水的管道及其附属构筑物。在一个区域范围内，其通常由支管、干管和主干管组成(见图1-8)。

支管用于收集居住小区干管或公共建筑产生的集中流量的污水。在排水区域内，常按分水线划分成几个排水流域。在各排水流域内，干管汇集输送支管流来的污水，主干管汇集输送两个或两个以上干管流来的污水。

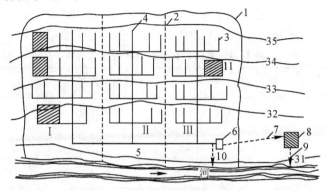

I，II，III—排水流域

1—区域边界；2—排水流域分界线；3—支管；4—干管；5—主干管；6—总泵站；
7—压力管道；8—城镇污水处理厂；9—出水口；10—事故排出口；11—工厂。

图 1-8 城市污水排水系统总平面示意图

3.附属构筑物

除管道外,室外管道系统还包括泵站、检查井、跌水井、倒虹管、出水口等附属构筑物。

1)污水泵站

污水以重力流排除,但往往由于受到地形、地质等条件的限制而发生排除困难,这时就需要设置泵站。泵站分为局部泵站、中途泵站和总泵站等。局部泵站是将低洼地区的污水提升到地势较高地区管道中,或将高层建筑地下室、地铁、其他地下建筑的污水提升至附近管道系统所设置的泵站。在输送污水的过程中,当管道埋深接近最大埋深时,为提高下游管道的管位而设置的泵站称为中途泵站。污水管道系统终点的埋深通常很大,而污水处理厂处理后的出水因受受纳水体水位的限制,构筑物一般埋深很浅或设置在地面上,因此,需将污水提升至高位构筑物,这类设置在污水处理厂的泵站称为终点泵站或总泵站。

2)倒虹管

排水管渠遇到河流、山涧、洼地或地下构筑物等障碍物时,不能按原有的坡度埋设,需设置下凹的管道从障碍物下穿过,这种管道称为倒虹管。其结构由进水井、下行管、平行管、上行管和出水井等组成,具体如图 1-9 所示。

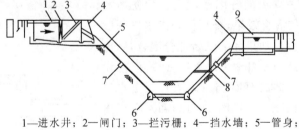

1—进水井；2—闸门；3—拦污栅；4—挡水墙；5—管身；
6—镇墩；7—伸缩接头；8—放水冲沙孔；9—出水井。

图 1-9 倒虹管布置图

3)检查井

为便于对管渠系统作定期检查和清通,必须设置检查井。根据《室外排水设计标准》

(GB 50014—2021),管道交汇处、转弯处、管径或坡度改变处、跌水处以及直线段上每隔一定的距离须设置检查井。此外,还有跌水井、水封井等特种检查井。对于直线段设置检查井的最大间距要求见表1-1。无法实施机械养护的区域,检查井的间距不宜大于40 m。

表1-1 直线段设置检查井的最大间距

管径/mm	最大间距/m
300~600	75
700~1000	100
1100~1500	150
1600~2000	200

检查井一般采用圆形,由井底(包括基础)、井身和井盖(包括盖底)3部分组成(见图1-10)。

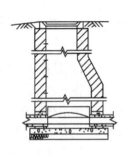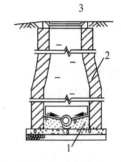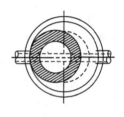

1—井底;2—井身;3—井盖。

图1-10 检查井的结构

4)出水口及事故排出口

污水排入水体的渠道和出口称出水口,它是整个城镇污水排水系统的终点构筑物。出水口的位置和形式,应根据污水的性质、下游用水情况、水体的水位变化幅度、水流方向、地形及主导风向等因素确定。为使污水与受纳水体获得良好的混合效果,排水管渠出水口一般采用淹没式(见图1-11);如果需要二者充分混合,则出水口可长距离伸入水体分散排放(见图1-12),但应设置标志,并取得航运管理部门的同意;雨水管渠出水口也可采用非淹没式,如一字形(见图1-13)和八字形出水口(见图1-14)。

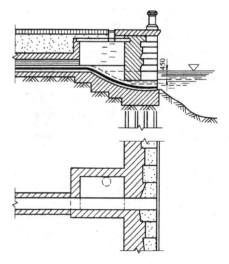

图1-11 淹没式出水口

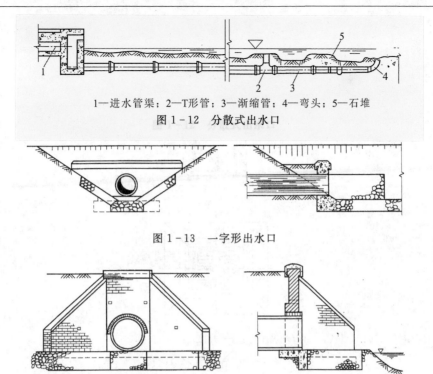

1—进水管渠；2—T形管；3—渐缩管；4—弯头；5—石堆
图1-12　分散式出水口

图1-13　一字形出水口

图1-14　八字形出水口

事故排出口是指在污水排水系统的中途,在某些易于发生故障的组成部分(如总泵站)前面所设置的辅助性出水渠。一旦发生故障,污水就通过事故排出口直接排入水体。

1.3.2　雨水管渠系统的组成

1.建筑物的雨水收集系统

建筑物的雨水收集系统用于收集工企业、公共或大型建筑的屋面雨水,并将其输送至室外雨水管渠系统。

收集屋面的雨水用雨水斗或天沟,天沟外排水由天沟、雨水斗和排水立管组成,立管连接雨水斗并沿外墙布置(见图1-15)。降落到屋面的雨水沿坡汇集到天沟,再沿天沟流至建筑物两端进入雨水斗,经立管排至地面。

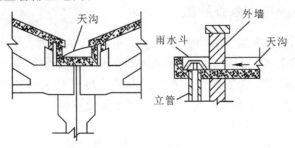

图1-15　天沟外排水示意图

雨水口用于收集地面的雨水,其构造包括进水箅、井筒和连接管(见图1-16)。地面的雨水由雨水口流入,经连接管接至居住小区、厂区或街道的雨水管渠系统。雨水口的形式和数量,通常应按汇水面积所产生的径流量和雨水口的泄水能力确定;雨水口布置应根据地形和汇水面积,同时参考《室外排水设计标准》(GB50014—2021)确定。

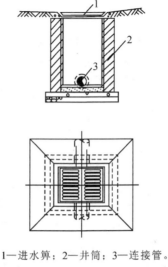

1—进水箅;2—井筒;3—连接管。

图1-16 平箅雨水口结构

2.居住小区、工厂或街道雨水管渠系统

居住小区、工厂或街道雨水管渠系统同污水管道系统。

3.出水口

雨水排水系统的室外管渠系统基本与污水排水系统相同。同样,在雨水管渠系统也设置检查井等附属构筑物。雨水排水系统设计应充分考虑初期雨水的污染防治、内涝防治和雨水利用等设施。

4.排洪沟

位于山坡或山脚下的工厂和城镇,除了应及时排除建成区内的暴雨径流外,还应及时拦截并排除建成区以外、分水线以内沿山坡倾泻而下的山洪流量。山区地形坡度大、汇水时间短,所以水流急、流势猛,且还夹带着砂石等杂质,冲削力大。因此,必须在受山洪威胁的外围开沟以拦截山洪,并通过排洪沟道将洪水引出,以保护山坡下的工厂和城镇的安全。

1.3.3 工业企业内部排水系统的组成

在工业企业内部,排水系统采用"雨污分流、分质分流"的原则。雨水经企业内部的建筑物雨水收集系统、地面的雨水口和雨水管道汇集至街道雨水管渠系统;对于冷却水等水质清洁的生产废水可循环利用或直接排放;对厂内各车间及其他排水对象所排出的不同性质的污废水用污水管道收集,处理后可再生利用或排入城镇污水管道系统。

工业污废水排水系统主要包括:

(1)车间内部管道系统和设备:用于收集各生产设备排出的工业废水,并输送至车间外部的厂区管道系统。

(2)厂区管道系统:敷设在工厂内,用以收集并输送各车间排出的工业废水,可根据具体情况设置若干个独立的管道系统。

（3）污水泵站及压力管道：输送或处理过程中用于提升污水，与泵连接的出水管为压力管道。

（4）污水处理站：处理厂区的废水与污泥的设施。

（5）附属构筑物：工业废水管道系统同样设置检查井等附属构筑物，在接入城镇污水管道系统前宜设置计量和检测设施。

1.3.4 排水管网的布置原则与形式

1.排水管网的布置原则

（1）按照城市总体规划，结合当地实际情况布置排水管网，要进行多方案技术、经济比较。

（2）先确定排水区域和排水体制，然后布置排水管网，按照"从干管到支管"的顺序进行布置。

（3）充分利用地形，采用重力流排除污水和雨水，并使管线最短、埋深最小。

（4）协调好与其他管道、电缆和道路等工程的关系，考虑好与企业内部管网的衔接。

（5）规划时，要考虑管渠的施工、运行和维护的便利性。

（6）近远期规划相结合，考虑发展，尽可能安排分期实施。

2.排水管网的布置形式

排水管网一般布置成树状网，布置形式受到地形、地质条件、排水条件等因素的影响。根据地形不同，有以下6种常见的布置形式，具体见图1-17(a)～(f)。

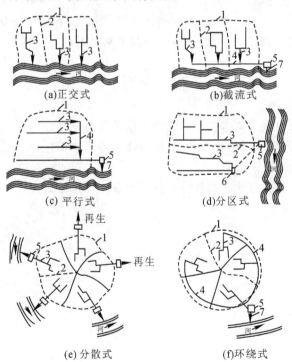

(a)正交式   (b)截流式

(c)平行式   (d)分区式

(e)分散式   (f)环绕式

1—区域边界；2—排水流域分界线；3—干管；
4—主干管；5—污水处理厂；6—污水泵站；7—出水口。

图1-17 排水系统的布置形式

在地势向水体适当倾斜的地区,各排水流域的干管与水体垂直相交布置,称为正交布置(见图 1-17(a))。正交布置的干管长度短、管径小,因而经济,污水排除也迅速。由于未经处理直接排放,会使水体遭受严重污染,因此,这种布置形式仅用于排除雨水。

在正交式的基础上,若沿河岸再敷设主干管,将各干管的污水截流并输送至污水处理厂,这种布置形式称为截流式布置(见图 1-17(b))。截流式布置对减轻水体污染、改善和保护环境有重要作用,是正交式布置改造的主要形式。

在地势向河流方向有较大倾斜的地区,为了避免干管流速过大而严重冲刷管道,可使干管与等高线及河道基本上平行、主干管与等高线及河道成一定斜角敷设,这种布置称为平行式布置(见图 1-17(c))。

在地势高低相差很大的地区,当污水不能靠重力流至污水处理厂时,可分别在高地区和低地区敷设独立的管道系统进行布置(见图 1-17(d))。高地区的污水靠重力流直接汇入污水处理厂,而低地区的污水用水泵提升至高地区干管或污水处理厂。这种布置的优点是能充分利用地形排水,节省能耗。

当城市周围有河流,或城市中央部分地势高、地势向周围倾斜的地区,各排水流域的干管常采用辐射状分散布置(见图 1-17(e)),各排水流域具有独立的排水系统。这种布置具有干管长度短、管径小、埋深浅、便于污水回用等优点,但污水处理厂和泵站(如需要设置时)的数量将增多,在一定程度上增加了建设和运行费用。

因污水处理厂的建设用地不足,以及大型污水处理厂比小型的建设和运行管理费用相对经济等原因,倾向于适度建设规模大的污水处理厂,采用如图 1-14(f)所示的环绕式布置。主干管沿四周布置,将各干管的污水输送至大型污水处理厂,但再生水输送距离长,会大幅增加输水成本并在一定程度上降低再生水的品质,是其不利之处。

思考题

1. 城镇排水系统收集哪几类水?其水质和水量各有何特点?
2. 简述排水体制的含义、分类及优缺点;如何选择排水体制?
3. 排水系统由哪几部分组成?
4. 排水系统常见的布置形式有哪几种?其适用条件各是什么?

第2章 污水管道系统的设计

本章内容针对的是分流制的污水管道系统。污水管道系统是由收集和输送城镇污水的管道及其附属构筑物组成,依据批准的总体规划及排水工程规划进行设计。通常,污水管道系统主要设计内容包括:

(1)设计基础数据(包括设计区域的面积、设计人口数、污水定额、防洪标准等)的确定;

(2)污水管道系统的平面布置;

(3)污水管道设计流量确定和水力计算;

(4)污水管道系统附属构筑物(如检查井、中途泵站和倒虹管等)的设计计算;

(5)污水管道在街道横断面上位置的确定;

(6)绘制污水管道系统平面图和纵剖面图。

2.1 设计资料与设计方案

2.1.1 设计资料的调查

进行污水管道系统设计时,通常需要收集以下几方面的基础资料。

1.明确设计任务的资料

了解与本工程有关的总体规划以及交通、给水、排水、电力、电信、防洪、燃气等各专项规划,以便进一步明确:工程的设计范围、设计期限、设计人口数;拟用的排水体制;污水处理厂的位置;受纳水体的功能及防治污染的要求;各类污水量定额;现有雨水、污水管道系统的走向,出水口的位置和高程,存在的问题;与给水、电力、电信、燃气等工程管线及其他市政设施可能的交叉工程投资情况等。

2.有关自然因素方面的资料

1)地形图

在初步设计阶段,进行大型排水工程设计时,要求有设计地区和周围25~30 km范围的总地形图,可采用比例尺为1:10000~1:25000,等高线间距1~2 m。进行中小型排水工程设计时,要求有设计地区总平面图,可采用比例尺为1:5000~1:10000,等高线间距1~2 m。设计工厂排水工程时,要求有工厂总平面图,可采用比例尺为1:500~1:2000,等高线间距为0.5~2 m。

施工图设计阶段,要求有比例尺1:500~1:2000的街区平面图,等高线间距0.5~1 m;设置排水管道的沿线带状地形图,要求比例尺1:200~1:1000;拟建排水泵站、污水处理厂,以及管道穿越河流、铁路等障碍物处的地形图要求更详细,比例尺通常采用1:100~1:500,等高线间距 0.5～1 m。另还需出水口附近河床横断面图。

2)气象资料

需要收集的气象资料包括设计区域的气温(平均气温、极端最高气温和最低气温);冻土层深度;风向和风速;降雨量资料或当地的暴雨强度公式等。

3)水文资料

需要收集的水文资料包括受纳水体的流量、流速,常水位及洪水位,水质资料;城市、工业取水及排污情况;河流利用情况及整治规划情况。

4)地质资料

需要收集的地质资料主要包括设计区域的地表组成物质及其承载力;地下水分布及其水位、水质;管道沿线的地质柱状图;当地的地震烈度资料。

3.有关工程情况的资料

需要收集的有关工程情况的资料包括道路的现状和规划,如道路等级、路面宽度及材料;地面建筑物和地铁、其他地下建筑的位置和高程;给水、排水、电力、电信电缆、燃气等各种地下管线的位置;建筑材料、管道制品、电力供应的情况和价格;建筑、安装单位的等级和装备情况等。

2.1.2 设计方案的确定

在掌握了较为完整可靠的设计基础资料后,设计人员根据工程的要求和特点,对工程中一些原则性的、涉及面较广的问题提出了不同的解决办法,从而构成了不同的设计方案。涉及问题常包括污水管道的布局、走向、长度、断面尺寸、埋设深度、管道材料,与障碍物相交时采用的工程措施,中途泵站的数目与位置等。这些方案除满足相同的工程要求外,在技术经济上是互相补充、互相对立的。因此,必须深入分析各设计方案的利弊和产生的各种影响,经过综合比较后所确定的最佳方案即为最终的设计方案。

通常,进行方案比较与评价的步骤和方法包括建立技术经济数学模型、求解技术经济数学模型、方案的技术经济比较和综合评价与决策。

1.建立技术经济数学模型

建立主要技术经济指标与各种技术经济参数、参变数之间的函数关系,也就是通常所说的目标函数及相应的约束条件方程。建模的方法普遍采用传统的数理统计法。由于我国排水工程的建设欠账多,有关技术经济资料尚不完善,利用已建立的数学模型进行实际应用尚存在局限性。在缺少合适的数学模型的情况下,可以凭经验选择合适的参数。

2.求解技术经济数学模型

这一过程为优化计算的过程。从技术经济角度讲,首先必须选择有代表意义的主要技术经济指标为评价目标,其次正确选择适宜的技术经济参数,以便在最好的技术经济情况下进行优选。由于实际工程的复杂性,模型的求解不一定完全依靠数学优化方法,也会用各种近似计算方法,如图解法、列表法等。

3.方案的技术经济比较

根据技术经济评价原则和方法,在同等深度下计算出各方案的工程量、投资及其他技术经济指标,然后进行比较。

技术经济比较常用的方法有：逐项对比法、综合比较法、综合评分法、两两对比加权评分法等。

4.综合评价与决策

在上述分析评价的基础上，对各设计方案的技术经济、方针政策、社会效益、环境效益等作出总的评价与决策，以确定最佳方案。综合评价的项目或指标，应根据工程项目的具体情况确定。

以上所述的方法和步骤只反映了技术经济分析的一般过程，实际各步骤有时是相互联系的，受条件限制时，可适当省略或者采取其他办法。比如，可省略建立数学模型与优化计算步骤，根据经验选择适宜的参数。

2.2　污水设计流量的确定

污水设计流量是指污水管道及其附属构筑物能保证通过的污水最大流量，常采用最大日最大时流量作为设计流量，其单位为"L/s"。合理确定设计流量是污水管道系统设计的主要内容之一，污水设计流量主要包括综合生活污水设计流量和工业企业废水设计流量；此外，当地下水位较浅、管道埋深大时，还应考虑地下水的渗入流量。

2.2.1　综合生活污水设计流量

按来源不同，生活污水包括居住区和公共建筑（例如，娱乐场所、宾馆、浴室、商业网点、学校和机关办公室等）产生的污水两部分，总称为综合生活污水。其设计流量按下式计算：

$$Q_d = \frac{n \times N \times K_z}{24 \times 3600} \qquad (2-1)$$

式中　Q_d——综合生活污水设计流量，L/s；

　　　n——综合生活污水定额，L/(人·d)；

　　　N——设计人口数；

　　　K_z——生活污水量总变化系数。

1.综合生活污水定额

综合生活污水定额可根据当地的综合生活用水定额与排水系数相乘获得，排水系数结合建筑内部给排水设施水平确定。根据《室外排水设计标准》(GB50014—2021)，排水系数可按90%计，建筑内部给排水设施不完善的地区可适当降低。综合生活用水定额见表2-1。

表 2-1　综合生活用水定额　　　　　　　　　　　　　单位:L/(人·d)

城市规模	特大城市		大城市		中小城市	
用水情况分区	最高日	平均日	最高日	平均日	最高日	平均日
一	260～410	210～340	240～390	190～310	220～370	170～280
二	190～280	150～240	170～260	130～210	150～240	110～180
三	170～270	140～230	150～250	120～200	130～230	100～170

注　1.特大城市指：市区和近郊区非农业人口 100 万及以上的城市；

　　大城市指：市区和近郊区非农业人口 50 万及以上，不满 100 万的城市；

　　中、小城市指：市区和近效区非农业人口不满 50 万的城市。

　2.一区包括：湖北、湖南、江西、浙江、福建、广东、广西、海南、上海、江苏、安徽、重庆；

　　二区包括：四川、贵州、云南、黑龙江、吉林、辽宁、北京、天津、河北、山西、河南、山东、宁夏、陕西、内蒙古河套以东和甘肃黄河以东的地区；

　　三区包括：新疆、青海、西藏、内蒙古河套以西和甘肃黄河以西的地区。

　3.经济开发区和特区域市，根据用水实际情况，用水定额可酌情增加。

　4.当采用海水或污水再生水等作为冲厕用水时，用水定额相应减少。

2.设计人口

设计人口是指排水系统设计期限终期的规划人口数，是计算污水设计流量的基本数据。该值根据当地的总体规划确定。由于城镇性质或规模不同，城市工业、仓储、交通运输、生活居住用地分别占城镇总用地的比例和指标有所不同。因此，在计算污水管道服务的设计人口时，常用人口密度与服务面积相乘得到。

人口密度表示人口分布的情况，是指单位面积上的人口数，以"人/hm²"表示。若计算人口密度所用的面积包括街道、公园、运动场、水体等在内时，该人口密度称为总人口密度；若所用的面积只是街区内的建筑面积时，该人口密度称为街区人口密度。在规划或初步设计时，常采用总人口密度计算；而在技术设计或施工图设计时，一般采用街区人口密度计算。

3.总变化系数

污水定额是平均值，因此，根据设计人口和生活污水定额计算所得的是污水的平均流量；而污水管道是根据最大日最大时的污水流量确定设计断面。这个最大流量与平均流量之间的变化程度通常用总变化系数（K_z）表示。

总变化系数是指最大日最大时污水量与平均日平均时污水量的比值，日变化系数（K_d）是指一年中最大日污水量与平均日污水量的比值，时变化系数（K_h）是指最大日中最大时污水量与最大日平均时污水量的比值。因此，

$$K_z = K_d \times K_h$$

总变化系数可根据当地综合生活污水量变化资料确定。无测定资料时，可以利用查表法进行确定，表 2-2 是我国《室外排水设计标准》(GB 50014—2021)采用的居住区生活污水量总变化系数值，该值参考了全国各地 51 座污水处理厂总变化系数取值资料。由表可见，平均流量越大，总变化系数则越小，即污水的流量越趋于稳定。

表 2-2　生活污水量总变化系数

污水平均日流量/(L·s⁻¹)	5	15	40	70	100	200	500	≥1000
总变化系数 K_z	2.7	2.4	2.1	2.0	1.9	1.8	1.6	1.5

注：1. 当污水平均日流量为中间数字时，总变化系数用内插法求得。

　2. 当居住区有实际生活污水量变化资料时，可按实际数据采用。

2.2.2　工业企业废水设计流量

工业企业废水设计流量包括工业企业职工产生的生活污水量和生产过程产生的工业废水

量两部分，即

$$Q_m = Q_{m1} + Q_{m2} \qquad (2-2)$$

式中　Q_m——工业企业废水设计流量，L/s；

　　　　Q_{m1}——工业企业生活污水设计流量，L/s；

　　　　Q_{m2}——工业企业工业废水设计流量，L/s。

1.工业企业生活污水及淋浴污水的设计流量

工业企业生活污水及淋浴污水的设计流量按式(2-3)计算。

$$Q_{m1} = \frac{A_1 B_1 K_1 + A_2 B_2 K_2}{3600 T} + \frac{C_1 D_1 + C_2 D_2}{3600} \qquad (2-3)$$

式中　Q_{m1}——工业企业生活及淋浴污水设计流量，L/s；

　　　　A_1——一般车间最大班职工人数，人；

　　　　A_2——热车间最大班职工人数，人；

　　　　B_1——一般车间职工生活污水定额，以 25 L/(人·班)计；

　　　　B_2——热车间职工生活污水定额，以 35 L/(人·班)计；

　　　　K_1——一般车间生活污水量时变化系数，以 3.0 计；

　　　　K_2——热车间生活污水量时变化系数，以 2.5 计；

　　　　C_1——一般车间最大班使用淋浴的职工人数，人；

　　　　C_2——热车间最大班使用淋浴的职工人数，人；

　　　　D_1——一般车间的淋浴污水定额，以 40 L/(人·班)计；

　　　　D_2——热车间的淋浴污水定额，以 60 L/(人·班)计；

　　　　T——每班工作时数，h，淋浴时间以 1 h 计。

2.工业废水设计流量

工业废水设计流量按式(2-4)计算。

$$Q_{m2} = \frac{m \times M \times K'_z}{3600 T} \qquad (2-4)$$

式中　Q_{m2}——工业废水设计流量，L/s；

　　　　m——单位产品的废水量，L/t；

　　　　M——产品的平均日产量，t/日；

　　　　T——每日生产时数，h；

　　　　K'_z——工业废水量总变化系数。

生产单位产品或加工单位数量原料所排出的平均废水量，也称为生产过程中单位产品的废水量定额。工业企业的工业废水量随各行业类型、采用的原材料、生产工艺特点和管理水平等有很大差异。但对于某一企业，生产稳定后往往日变化系数很小，因此，时变化系数近似等于总变化系数。某些工业废水量的时变化系数大致如下，可供参考：

冶金工业 1.0～1.1；化学工业 1.3～1.5；纺织工业 1.5～2.0；食品工业 1.5～2.0；皮革工业 1.5～2.0；造纸工业 1.3～1.8。

2.2.3　地下水渗入量

在地下水位较高的地区，因当地土质、管道及接口材料、施工质量等因素的影响，一般均存在地下水渗入现象,设计污水管道系统时宜适当考虑地下水渗入量。地下水渗入量 Q_u 一般以单位管道长度(米)或单位服务面积(公顷)计算,也可按平均日综合生活污水和工业废水总量的 $10\%\sim15\%$ 估算,还可按每天每单位服务面积入渗的地下水量计。

2.2.4 设计总流量

设计总流量是综合生活污水和工业企业废水设计流量之和,即:

$$Q=Q_d+Q_m \tag{2-5}$$

在地下水位较高地区,还应加入地下水渗入量,即:

$$Q=Q_d+Q_m+Q_u \tag{2-6}$$

式中 Q_u——地下水渗入量,L/s。

上述确定污水管道总设计流量的方法,是假定排出的各种污水在同一时间达到最大流量,并通过简单累加确定获得。因为各种污水最大时流量同时发生的可能性较少,因此,这种计算方法相对较安全。

2.3 污水管道的水力计算

2.3.1 水流特征

实际工程问题中有各种各样的流体运动现象,为了便于分析、研究,需将其分类。

1.压力流、重力流与射流

按照限制流体运动的边界情况,可将流体运动分为压力流、重力流和射流。边界全部为固体(如为液体运动则没有自由表面)的流体运动称为压力流或有压管流。压力流中流体充满整个横断面,可以水平、向上或向下运动。重力流是指边界部分为固体、部分为大气,具有自由表面的液体运动。射流是指流体经孔口或管嘴喷射到某一空间,由于运动的流体脱离了原来限制它的固体边界,在充满流体的空间继续流动的流体运动。

排水管网系统中(污水管道、雨水管道和明渠等)流体运动主要为重力流,很少为压力流(例如,泵的出水管),几乎不涉及射流。

2.恒定流和非恒定流

按各点运动要素(速度、压强等)是否随时间变化,可将流体运动分为恒定流和非恒定流。各点运动要素都不随时间而变化的流体运动称为恒定流。空间各点只要有一个运动要素随时间变化,流体运动称为非恒定流。

例如,在水箱上装一渐缩管进行泄水(见图 2-1),观测渐缩管中的 A、B 两点。可以看出,同一时刻,A、B 两点水流速度不同;对点 A 或点 B,因水面下降,两点的水流速度也随时间而变化,这种运动即为非均匀流。如果水箱内的水位维持不变,这时 A、B 两点水流速度虽然不同,但对点 A 或点 B 而言,其水流速度却不因时间而改变,即为均匀流。

由于恒定流不包括时间的变量,因此,其流体运动的分析较非恒定流简单。在解决实际工程问题时,满足一定要求的前提下,有时将非恒定流作为恒定流处理。

从某种意义上来说,排水管道的水流是非恒定流,污水量时刻在发生变化。然而为了简化计算,目前排水管道水力计算中其水流作为恒定流处理。

图 2-1　水箱泄水

3.均匀流和非均匀流

按各点运动要素(主要是速度)是否随位置变化,可将流体运动分为均匀流和非均匀流。在给定的某一时刻,各点速度都不随位置变化的流体运动称为均匀流。均匀流各点都没有迁移加速度,表示为平行流动,流体做均匀直线运动。反之,则称为非均匀流。

排水管道实测流速结果表明,管内的流速是有变化的。主要因为管道中水流经过转弯、交叉、变径、跌水等地点时水流状态发生改变,并且,管道沿程的流量也在发生变化,因此,排水管道内水流并非均匀流。但在直线管段上,当流量没有很大变化且无沉积物时,管内排水的流动状态接近均匀流(见图 2-2)。所以,水力计算过程中,按流量变化所划分的设计管段,均按均匀流进行计算。

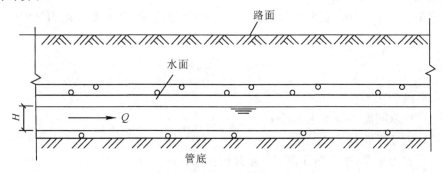

图 2-2　均匀流管段示意图

4.层流和紊流

流体在运动时,具有抵抗剪切变形能力的性质,称为黏性。它是由流体内部分子运动的动量输运引起的。当某流层对其相邻层发生相对位移而引起体积变形时,流体中产生的剪切力(也称内摩擦力)就是这一性质的表现。当流速较低时,流体质点做有条不紊的线状运动,彼此互补混掺的流动称为层流;当流速较高时,流体质点在流动过程中彼此互相混掺的流动称为紊流。

常采用雷诺数 Re 判别层流和紊流。一般认为,当 $Re < 2000$ 时,为层流;当 $Re > 4000$ 时,为紊流;当 $2000 \leqslant Re \leqslant 4000$ 时,两种流态都可能,处于不稳定状态,称为临界区。排水管道系统中,大多数水流流态为紊流。

2.3.2 水力计算的基本公式

污水管道水力计算的目的,在于合理、经济地确定管道断面尺寸、坡度和埋深,由于确定的依据是水力学规律,所以称作管道的水力计算。

1.水头与水头损失

单位重量的流体所具有的机械能称为水头,通常用 h 表示;流体流动过程中,克服流动阻力所消耗的机械能称为水头损失。水头损失可分为沿程水头损失和局部水头损失两种。

沿程水头损失:在边壁沿程无变化的均匀流段上,产生的流动摩擦阻力,称为沿程阻力,沿程阻力做功引起的水头损失称为沿程水头损失,以 h_f 表示,单位为 m。

局部水头损失:在边壁急剧变化,使流速分布改变的局部流段上,集中产生的流动阻力称为局部阻力,局部阻力做功引起的水头损失称为局部水头损失,以 h_m 表示,单位为 m。

整个管路的水头损失可以叠加,因此,管路总损失等于各管段沿程水头损失和局部水头损失的总和,即

$$\sum h = \sum h_f + \sum h_m \tag{2-7}$$

式中　　h——管路总水头损失,m;

h_f——沿程水头损失,m;

h_m——局部水头损失,m。

2.水头损失的计算

1)沿程水头损失的计算

排水管渠系统中,水流(重力流或明渠流)的流态多属于紊流,且处于阻力平方区,因此,沿程水头损失广泛采用谢才公式,即式(2-8)进行计算。

$$h_f = \frac{v^2}{C^2 R} l \tag{2-8}$$

式中　　h_f——沿程水头损失,m;

v——过水断面平均流速,m/s;

C——谢才系数,$m^{1/2}/s$;

R——水力半径(过水断面面积与湿周的比值),m;

l——管道(渠)长度,m。

在此基础上,曼宁计算得到谢才系数 $C = \dfrac{\sqrt[6]{R}}{n}$ 并引入谢才公式,得到沿程水头损失常用计算公式:

$$h_f = \frac{n^2 v^2}{R^{\frac{4}{3}}} l \tag{2-9}$$

式中　　h_f——沿程水头损失,m;

v——过水断面平均流速,m/s;

n——粗糙系数;

R——水力半径,m;

l——管道(渠)长度,m。

粗糙系数 n 可查阅由中国建筑工业出版社 2000 年出版的中国市政工程西南设计研究院主编的《给水排水设计手册 第 01 册》(第二版),人工管渠粗糙系数见表 2 - 3。

表 2 - 3 人工管渠粗糙系数 n 值

管渠类别	粗糙系数 n	管渠类别	粗糙系数 n
PVC - U 管、PE 管、玻璃钢管	0.009~0.011	水泥砂浆抹面渠道	0.013
混凝土和钢筋混凝土雨水管	0.013	砖砌渠道(不抹面)	0.015
混凝土和钢筋混凝土污水管	0.014	砂浆块石渠道(不抹面)	0.017
石棉水泥管	0.012	干砌块石渠道	0.020~0.025
铸铁管	0.013	土明渠(包括带草皮的)	0.025~0.030
钢管	0.012	木槽	0.012~0.014

2)局部水头损失的计算

对局部水头损失的计算,在实验的基础上有如下公式:

$$h_{\mathrm{m}} = \xi \frac{v^2}{2g} \qquad (2 - 10)$$

式中 h_{m}——局部水头损失,m;

ξ——局部阻力系数。

局部阻力系数可查阅《给水排水设计手册 第 01 册》(第二版)获得,部分设施局部阻力系数见表 2 - 4。

表 2 - 4 常见设施的局部阻力系数

局部阻力设施	阻力系数 ξ	局部阻力设施	阻力系数 ξ
DN350×300 渐缩管	0.17	标准铸铁 90°弯头(DN350)	0.59
50%开启闸阀	2.06	钢制 45°焊接弯头(DN1000)	0.54
三流直流	0.1	钢制 90°焊接弯头(DN1000)	0.18
三流混合流	3.0	全开闸阀(DN1000)	0.05

3.水力计算基本公式

在排水管道的水力计算中,对设计管段的计算按均匀流考虑,由于管道的坡度很小,故有:

$$h_{\mathrm{f}} = Il \qquad (2 - 11)$$

式中 h_{f}——沿程水头损失,m;

I——管道水力坡度(即管底坡度,也等于水面坡度);

l——管道(渠)长度,m。

将式(2 - 11)代入式(2 - 9),得到:

$$v = \frac{1}{n} R^{\frac{2}{3}} I^{\frac{1}{2}} \qquad (2 - 12)$$

根据流量 $Q = Av$,得到:

$$Q = \frac{1}{n} A R^{\frac{2}{3}} I^{\frac{1}{2}} \qquad (2 - 13)$$

式中 Q——流量，$\mathrm{m^3/s}$；

A——过水断面面积，$\mathrm{m^2}$；

v——流速，$\mathrm{m/s}$；

R——水力半径，m；

I——管道水力坡度；

n——管壁粗糙系数，该值根据管渠材料而定。

式(2-12)和(2-13)是非满管流或明渠均匀流水力计算中最为重要的水力计算公式。

2.3.3 水力参数的设计规定

由水力计算公式可知，设计流量与流速及过水断面积有关，而流速则是粗糙系数、水力半径和水力坡度的函数。为保证污水管道的正常运行，《室外排水设计标准》(GB 50014—2021)对这些因素做了规定，应予以遵守。

1.设计充满度

在设计流量下，污水在管道中的水深 h 和管道直径 D 的比值称为设计充满度（或水深比），如图 2-3 所示。当 $\dfrac{h}{D}=1$ 时，称为满管流；$\dfrac{h}{D}<1$ 时，称为非满管流。重力流污水管道按非满管流设计，不同管径对应的最大设计充满度应按表 2-5 采用。

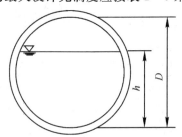

图 2-3 圆形管渠充满度示意图

表 2-5 最大设计充满度

管径或渠高/mm	最大设计充满度 h/D	管径或渠高/mm	最大设计充满度 h/D
200～300	0.55	500～900	0.7
350～450	0.65	≥1000	0.75

注：在计算污水管道充满度时，不包括短时突然增加的污水量，但当管径小于或等于 300 mm 时，应按满管流复核。

这样规定的原因：

(1)为未预见水量留有余地，避免污水溢出。污水流量时刻发生变化，很难精确计算，而且雨水或地下水可能通过检查井或管道接口渗入，因此，需留出部分管道的断面。

(2)利于管道通风，排除有害气体。污水管道沉积的污泥会分解析出硫化氢、甲烷等有害气体，不仅产生恶臭、腐蚀管道，还存在爆炸的安全隐患。因此，需留出适当的空间以便通风排除有害气体。

(3)便于管道的疏通和维护管理。为了避免杂物及沉积物堵塞管道，影响通水性能，需要定期进行疏通,留出适当的空间为管道的维护提供了便利。

2.设计流速

设计流速是指与设计流量和设计充满度相对应的污水平均流速。流速较小时,污水中所含杂质会沉降产生淤积;流速较大时,可能产生冲刷现象,甚至损坏管道。为了防止淤积或冲刷,设计流速不宜过小或过大。

最小设计流速是保证管道内部不致发生淤积的流速,这一最低的限值既与污水中所含悬浮物的成分和粒度有关,又与管道的水力半径、管壁的粗糙系数有关。根据国内污水管道实际运行情况的观测数据并参考国外经验,污水管道在设计充满度下的最小设计流速为 0.6 m/s,含有金属、矿物固体或重油杂质的生产污水管道,其最小设计流速宜适当增大;明渠的最小设计流速为 0.4 m/s。

此外,由于倒虹管的清通比一般管道困难得多,一般要求其设计流速采用 1.2～1.5 m/s,在条件困难时可适当降低,但不宜小于 0.9 m/s,且不得小于上游管渠的流速。当管内流速达不到 0.9 m/s 时,应增加冲洗措施,冲洗流速不得小于 1.2 m/s。

最大设计流速是保证管道不被冲刷损坏的流速,与管道材料有关。通常,金属管道的最大设计流速为 10 m/s,非金属管道为 5 m/s,明渠最大设计流速按表 2-6 采用。

表 2-6　明渠最大设计流速

明渠类别	最大设计流速 $v/(\text{m}\cdot\text{s}^{-1})$	明渠类别	最大设计流速 $v/(\text{m}\cdot\text{s}^{-1})$
粗砂或低塑性粉质黏土	0.8	草皮护面	1.6
粉质黏土	1.0	干砌块石	2.0
黏土	1.2	浆砌块石或浆砌砖	3.0
石灰岩或中砂岩	4.0	混凝土	4.0

3.最小管径和最小设计坡度

不同于有压管道,污水管道必须按预定坡度敷设。在污水管道的上游,污水量很小,若根据设计流量计算所得的管径会很小。根据养护经验,管径过小极易堵塞,例如,150 mm 支管的堵塞次数,有时达到 200 mm 支管堵塞次数的 2 倍,使养护费用增加。而二者在同样埋深下的施工费用相差不多。因此,为了养护工作的方便,并降低堵塞风险,规定一个允许的最小管径。按设计流量计算所得的管径如果小于最小管径,则直接采用规定的最小管径,这种管段称为不计算管段。在这些管段中,当有适当的冲洗水源时,可考虑设置冲洗井。

相应于最小设计流速的管道坡度叫做最小设计坡度。排水管道的最小管径与相应最小设计坡度,宜按表 2-7 的规定取值。

表 2-7　最小管径与相应最小设计坡度

管道类别	最小管径 D/mm	相应最小设计坡度 I
污水管、合流管	300	0.003
雨水管	300	塑料管 0.002,其他管 0.003
雨水口连接管	200	0.01
压力输泥管	150	—
重力输泥管	200	0.01

2.3.4 埋没深度的规定

污水管渠系统建设费用在排水工程总投资中占比重较大,与管道的埋设深度和施工方式有很大关系。实际工程中,同一直径的管道因埋深不同,单位长度的工程费用也不同。因此合理确定管道埋深对于降低工程造价十分重要。

1.污水管道埋深与覆土厚度

管道埋设深度是指管道内壁底到地面的距离,覆土厚度是指管道外壁顶部到地面的距离;具体见图 2-4。在设计计算中,常忽略管壁的厚度,因此,管道埋深为覆土厚度与管道直径之和。

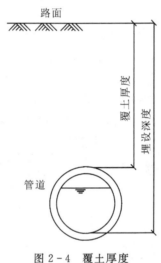

图 2-4 覆土厚度

2.污水管道的最小埋深

污水管道的最小埋深,应综合管材强度、外部荷载、土壤冰冻深度和土壤性质等条件进行确定。

首先,污水管道应避免因冰冻影响其安全运行。一般情况下,排水管道宜埋设在冰冻线以下。但是,污水的温度通常要高于当地的给水温度,原因在于有家庭和工业活动产生的热水进入。因此,即使在冬季,污水温度也不会低于 4℃。根据《室外排水设计标准》(GB 50014—2021),当有可靠依据时,污水管道也可埋在冰冻线以上。

其次,污水管道应免受地面荷载的破坏。埋设的污水管道承受着土壤静荷载和车辆运行产生动荷载的双重作用。考虑这一因素并结合各地埋管经验,最小覆土厚度宜为:人行道下0.6 m,车行道下 0.7 m。

此外,污水管道还应满足管道衔接要求。城市住宅、公共建筑内产生的污水应能顺畅排入街道污水管网,就必须保证街道污水管网起点的埋深大于或等于街区污水管终点的埋深。而街区污水管起点的埋深又必须大于或等于建筑物污水出户管的埋深。从安装技术方面考虑,污水出户管的最小埋深一般采用 0.5~0.7 m,所以,街坊污水管道起点最小埋深也应有 0.6~0.7 m。

对于每一个具体设计管段,根据上述因素,可以得到不同的管底埋深或管顶覆土厚度值,其中的最大值即为这一管道的允许最小覆土厚度或最小埋设深度。

3.污水管道的最大埋深

污水依靠重力流动,当管道坡度大于地面坡度时,管道的埋深就越来越大,尤其在地形平坦的地区更为突出。埋深越大,则造价越高,施工期也越长。管道允许敷设深度的最大值称为最大允许埋深。在干燥土壤中,最大埋深一般不超过 $7 \sim 8$ m;在多水、流砂、石灰岩地层中,一般不超过 5 m。

2.3.5 水力计算方法

确定设计流量的基础上,进行污水管道的水力计算。为获得满意的计算结果,必须认真分析设计区域的地形等条件,所选择的管道断面尺寸,必须要在规定的设计充满度和设计流速的前提下,能够满足设计流量的通水要求。管道的敷设坡度应参照地面坡度以减小埋深,同时应满足最小坡度的规定,以免管道内流体产生淤积或冲刷的结果。

根据水力计算公式,即式(2−12)和式(2−13),过水断面面积 A 及水力半径 R 是管道直径和充满度的函数,即:

$$A = A(D,h) \qquad (2-14)$$
$$R = R(D,h) \qquad (2-15)$$

式中　D ——管道直径,m;

　　　h ——管道内水深,m。

具体计算时,已知设计流量 Q 及管道的粗糙系数 n,需要确定管径 D、充满度 h/D、管道坡度 I 和流速 v 等参数。但式(2−14)、式(2−15)中,有 5 个未知数,因此必须先假设 3 个参数求其他 2 个,这样的数学计算极为复杂。现介绍几种水力计算的方法,分述如下。

1.水力计算图法

水力计算图法是指将流量、管径、坡度、流速,充满度、粗糙系数各水力因素之间关系绘制成水力计算图,通过水力计算图确定水力计算参数的方法。非满管流条件下,不同管径的水力计算图见附录 2−1。

对每一张图(例如图 2−5)而言,D 和 n 是已知数,图上的曲线表示 Q、v、I、h/D 之间的关系。这 4 个参数中,只要知道 2 个就可以查图并确定其他 2 个。

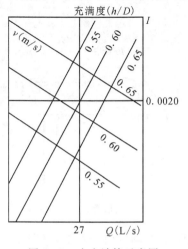

图 2−5　水力计算示意图

【**例 2 - 1**】 已知 $n=0.014$、$D=300$ mm、$I=0.004$、$Q=30$ L/s，求 v 和 h/D。

【**解**】 查阅附录 2 - 1，附图 3 所示 $D=300$ mm 的水力计算图。

这张图上有 4 组线条：竖线表示流量，横线表示水力坡度，自左上方向右下方倾斜的直线表示流速，从右上方向左下方倾斜的直线表示充满度。每条线上的数字代表相应参数的数值。

先在纵轴上找到 $I=0.004$ 的横线，再从横轴上找出代表 $Q=30$ L/s 那条竖线，两条线相交于一点，该点所在的位置即为所求的水力学参数值。流速 v 位于 0.8 m/s 与 0.85 m/s 两条斜线之间，估值得到 $v=0.82$ m/s；充满度 h/D 位于 0.5 与 0.55 两条斜线之间，估值得到 $h/D=0.52$。

【**例 2 - 2**】 已知 $n=0.014$、$D=400$ mm、$Q=41$ L/s、$v=0.9$ m/s，求 I 和 h/D。

【**解**】 查阅附录 2 - 1，附图 5 所示 $D=400$ mm 的水力计算图。

首先，分别找到 $Q=41$ L/s 的竖线和 $v=0.9$ m/s 的斜线。其次，根据这两条线的交点确定另外 2 个水力计算参数的数值，分别为：$I=0.0043$，$h/D=0.39$。

【**例 2 - 3**】 已知 $n=0.014$、$Q=32$ L/s、$D=300$ mm，$h/D=0.55$，求 v 和 I。

【**解**】 查阅附录 2 - 1，附图 3 所示 $D=300$ mm 的水力计算图。

首先，分别找到 $Q=32$ L/s 的竖线和 $h/D=0.55$ 的斜线。其次，根据两线相交的交点确定坡度和流速的数值，分别为 $I=0.0038$，$v=0.81$ m/s。

由【例 2 - 1】～【例 2 - 3】可见，这种方法简单方便，但是根据交点的位置估计数值精确度不够高，容易引起误差。

2.比例换算法

管道的直径和坡度确定的前提下，满管流的水力计算参数容易通过计算获得，而且满管流和非满管流各个水力计算参数的比值仅是充满度的函数，因此，可通过该比值反算得到非满管流的水力学参数值，这种方法称为比例换算法。

如图 2 - 6 所示，圆形管道的管径为 D，管内水深为 h，充满度为 h/D，由几何学可以得出管中心到水面线两端的夹角计算公式：

$$\theta = 2\arccos\left(1 - \frac{2h}{D}\right) \tag{2 - 16}$$

或

$$h/D = \frac{1 - \cos\dfrac{\theta}{2}}{2} \tag{2 - 17}$$

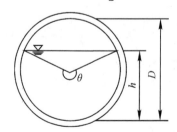

图 2 - 6　圆形管道充满度示意图

式中　θ 的单位为弧度。因此，非满管流条件下，充满度 h/D 仅是 θ 的函数。

其他参数计算如下：

过水断面面积：

$$A = \frac{D^2}{8}(\theta - \sin\theta) \qquad (2-18)$$

湿周：

$$\chi = \frac{D}{2}\theta \qquad (2-19)$$

水力半径：

$$R = \frac{A}{\chi} = \frac{D}{4}\left(\frac{\theta - \sin\theta}{\theta}\right) \qquad (2-20)$$

假设该管道的坡度为 I，满管流的过水断面面积、水力半径、流量和流速分别用 A_0、R_0、Q_0 和 v_0 表示，则有 $A_0 = \frac{\pi D^2}{4}$ 和 $R_0 = \frac{D}{4}$，可得满管流条件下的流速和流量分别如下：

$$v_0 = \frac{1}{n}R_0^{\frac{2}{3}}I^{\frac{1}{2}} \qquad (2-21)$$

$$Q_0 = \frac{A_0}{n}R_0^{\frac{2}{3}}I^{\frac{1}{2}} \qquad (2-22)$$

综上，可以推导出同一污水管道在非满管流和满管流条件下，水力半径、过水断面面积、流量和流速的比值，计算式如下：

$$\frac{R}{R_0} = 1 - \frac{\sin\theta}{\theta} \qquad (2-23)$$

$$\frac{A}{A_0} = \frac{\theta - \sin\theta}{2\pi} \qquad (2-24)$$

$$\frac{v}{v_0} = \left(\frac{R}{R_0}\right)^{\frac{2}{3}} = \left(1 - \frac{\sin\theta}{\theta}\right)^{\frac{2}{3}} \qquad (2-25)$$

$$\frac{Q}{Q_0} = \frac{A}{A_0}\left(\frac{R}{R_0}\right)^{\frac{2}{3}} = \frac{(\theta - \sin\theta)^{\frac{5}{3}}}{2\pi\theta^{\frac{2}{3}}} \qquad (2-26)$$

式中　A_0——满管流过水断面面积，m^2；

R_0——满管流水力半径，m；

Q_0——满管流流量，m^3/s；

v_0——满管流流速，m/s。

由式（2-23）～（2-26）可见，非满管流与满管流的水力计算参数的比值仅与 θ 有关，即仅是充满度 h/D 的函数。将不同充满度条件下，非满管流与满管流水力计算参数的比值计算结果列于表 2-8，并绘制成图 2-7，供设计计算时查询。

表 2-8　圆形管渠非满管流与满管流水力计算参数比值表

$\dfrac{h}{D}$	$\dfrac{A}{A_0}$	$\dfrac{R}{R_0}$	$\dfrac{Q}{Q_0}$	$\dfrac{v}{v_0}$
0.05	0.019	0.130	0.005	0.257
0.10	0.052	0.254	0.021	0.401
0.15	0.094	0.372	0.049	0.517
0.20	0.142	0.482	0.088	0.615
0.25	0.196	0.587	0.137	0.701

续表

$\dfrac{h}{D}$	$\dfrac{A}{A_0}$	$\dfrac{R}{R_0}$	$\dfrac{Q}{Q_0}$	$\dfrac{v}{v_0}$
0.30	0.252	0.684	0.196	0.776
0.35	0.312	0.774	0.263	0.843
0.40	0.374	0.857	0.337	0.902
0.45	0.436	0.932	0.417	0.954
0.50	0.500	1.000	0.500	1.000
0.55	0.564	1.060	0.586	1.039
0.60	0.626	1.111	0.672	1.072
0.65	0.688	1.153	0.756	1.099
0.70	0.748	1.185	0.837	1.120
0.75	0.804	1.207	0.912	1.133
0.80	0.858	1.217	0.977	1.140
0.85	0.906	1.213	1.030	1.137
0.90	0.948	1.192	1.066	1.124
0.95	0.981	1.146	1.075	1.095
1.00	1.000	1.000	1.000	1.000

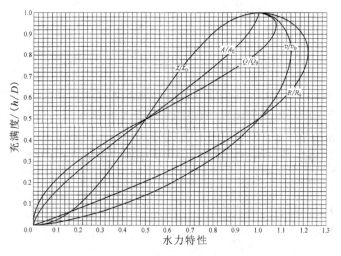

图 2-7 非满管流圆管水力特性

由图 2-7 可见,非满管流条件下,过水断面积随充满度的增大呈现增大的趋势,水力半径、流速和流量三者均随充满度的增大呈现先增大后减小的趋势。当充满度 $\dfrac{h}{D}=0.94$ 时,管中流量最大,为满管流流量的 1.08 倍;当充满度 $\dfrac{h}{D}=0.81$ 时,管中流速最大,为满管流流速的 1.14 倍。

根据《室外排水设计标准》,污水管道按非满管流设计,最大设计充满度为 0.75,因此,在 0～0.75 这一区间内,所有水力计算参数均随 h/D 的增大而增大。

【例 2-4】 已知 $n=0.014$、$D=300$ mm、$I=0.004$、$Q=30$ L/s,求 v 和 h/D。

【解】 该管道在满管流条件下:

水力半径 $R_0=\dfrac{D}{4}=0.075$ m

流量 $Q_0=\dfrac{1}{n}\times A\times R^{2/3}\times I^{1/2}=0.0568$ m^3/s$=56.8$ L/s

所以,非满管流与满管流条件下流量的比值为 $\dfrac{Q}{Q_0}=\dfrac{30}{56.8}=0.528$。

查表 2-8,流量之比为 0.528 时,对应充满度的比值介于 0.50 和 0.55 之间,对应流速的比值介于 1.000 和 1.039 之间。

通过差值法计算得到:

充满度 $\qquad\qquad\qquad\qquad h/D=0.52$

流速 $\qquad\qquad\qquad\qquad v=v_0\times1.012=0.81$ m/s

【例 2-5】 已知 $n=0.014$、$Q=32$ L/s、$D=300$ mm、$h/D=0.55$,求 v 和 I。

【解】 查表 2-8 得,$h/D=0.55$ 时,$Q/Q_0=0.586$,$v/v_0=1.039$

所以,满管流条件下的流量

$$Q_0=Q/0.586=54.61 \text{ L/s}$$

由

$$Q_0=\frac{1}{n}\times A\times R^{2/3}\times I^{1/2}=\frac{1}{0.014}\times\frac{3.14\times0.3^2}{4}\times\left(\frac{0.3}{4}\right)^{\frac{2}{3}}\times I^{1/2}=0.05461 \text{ m}^3/\text{s}$$

计算得到 $I=0.0037$,$v_0=0.77$ m/s,所以,$v=0.77\times1.039=0.80$ m/s。

3. 水力计算表法

排水设计手册中计算汇总了圆形管道(非满管流,$n=0.014$)在不同管径条件下的水力计算参数值,表中的管径 D 和粗糙系数 n 已知,Q、v、h/D、I 参数中,根据任意 2 个便可查阅并计算得到另外 2 个参数值。

【例 2-6】 已知 $n=0.014$、$D=300$ mm、$I=0.004$、$Q=30$ L/s,求 v 和 h/D。

【解】 查阅圆形管道(非满管流,$n=0.014$,$D=300$ mm)的水力计算表,数据见表 2-9。

表 2-9　圆形管道水力计算表($D=300$ mm,$n=0.014$)

h/D	I									
	0.0025		0.0030		0.0040		0.0050		0.0060	
	Q/(L/s)	v/(m/s)	Q/(L/s)	v/(m/s)	Q/(L/s)	v/(m/s)	Q/(L/s)	v/(m/s)	Q/(L/s)	v/(m/s)
0.10	0.94	0.25	1.03	0.28	1.19	0.32	1.33	0.36	1.45	0.39
0.15	2.18	0.33	2.39	0.36	2.76	0.42	3.09	0.46	3.38	0.51

h/D	I									
	0.0025		0.0030		0.0040		0.0050		0.0060	
	Q/(L/s)	v/(m/s)	Q/(L/s)	v/(m/s)	Q/(L/s)	v/(m/s)	Q/(L/s)	v/(m/s)	Q/(L/s)	v/(m/s)
0.20	3.93	0.39	4.31	0.43	4.97	0.49	5.56	0.55	6.09	0.61
0.25	6.15	0.45	6.74	0.49	7.78	0.56	8.70	0.63	9.53	0.69
0.30	8.79	0.49	9.63	0.54	11.12	0.62	12.43	0.70	13.62	0.76
0.35	11.81	0.54	12.93	0.59	14.93	0.68	16.69	0.75	18.29	0.83
0.40	15.13	0.57	16.57	0.63	19.14	0.72	21.40	0.81	23.44	0.89
0.45	18.70	0.61	20.49	0.66	23.65	0.77	26.45	0.86	28.97	0.94
0.50	22.45	0.64	24.59	0.70	28.39	0.80	31.75	0.90	34.78	0.98
0.55	26.30	0.66	28.81	0.72	33.26	0.84	37.19	0.93	40.74	1.02
0.60	30.16	0.68	33.04	0.75	38.15	0.86	42.66	0.96	46.73	1.06
0.65	33.69	0.70	37.20	0.76	45.96	0.88	48.03	0.99	52.61	1.08
0.70	37.59	0.71	41.18	0.78	47.55	0.90	53.16	1.01	58.23	1.10
0.75	40.94	0.72	44.85	0.79	51.79	0.91	57.90	1.02	63.42	1.12
0.80	43.89	0.72	48.07	0.79	55.51	0.92	62.06	1.02	67.99	1.12
0.85	46.26	0.72	50.68	0.79	58.52	0.91	65.43	1.02	71.67	1.12
0.90	47.85	0.71	52.42	0.78	60.53	0.90	67.67	1.01	74.13	1.11
0.95	48.24	0.70	52.85	0.76	61.02	0.88	68.22	0.98	74.74	1.08
1.00	44.90	0.64	49.18	0.70	56.79	0.80	63.49	0.90	69.55	0.98

查坡度 $I=0.004$ 所在列,结果发现,流量介于 28.39 L/s 和 33.26 L/s 之间,流量所对应的充满度介于 0.50 和 0.55 之间,流速介于 0.80 和 0.84 之间,利用差值法计算分别得到:

充满度 $\qquad\qquad\qquad\qquad h/D=0.52$

流速 $\qquad\qquad\qquad\qquad\qquad v=0.81$ m/s

这种方法兼顾了简单和精确度高的优点,在工程设计中常被采用。

4.迭代计算法

当流量 q、管径 D、坡度 I 和粗糙系数 n 已知时,可以推导出 θ 的计算式:

$$\theta=\left[\frac{(\theta-\sin\theta)^{\frac{5}{3}}D^{\frac{8}{3}}I^{\frac{1}{2}}}{20.16 \cdot nq}\right]^{\frac{3}{2}} \qquad (2-27)$$

可假设初值,利用迭代法计算出 θ 的值。

在此基础上,直接用公式计算管道的水力坡度:

$$I = \left[\frac{20.16 \cdot nq\theta^{\frac{2}{3}}}{(\theta - \sin\theta)^{\frac{5}{3}} D^{\frac{8}{3}}}\right]^2 \tag{2-28}$$

【例 2-7】 已知 $Q = 100$ L/s，$n = 0.014$，$D = 400$ mm，$I = 0.007$，求 h/D 和 v。

【解】
$$\theta = \left[\frac{(\theta - \sin\theta)^{\frac{5}{3}} D^{\frac{8}{3}} I^{\frac{1}{2}}}{20.16 \cdot nq}\right]^{\frac{3}{2}} = [0.2575 \times (\theta - \sin\theta)^{1.67}]^{1.5}$$

迭代法：设初值 $\theta = 3.0$，收敛要求 θ 迭代计算值的变化小于 0.001，开始迭代计算如下：

$$\theta_1 = [0.2575 \times (3 - \sin3) \times 1.67] \times 1.5 = 3.24$$

$$\theta_2 = [0.2575 \times (3.24 - \sin3.24) \times 1.67] \times 1.5 = 3.33$$

依次计算得 　　　　　　　　　　$\theta_{10} = 3.4173$

根据公式得 　　　　　　　　　　$h/D = 0.5687$

水力半径 　　　　　　　　　　　$R = 0.108$ m

流速 　　　　　　　　　　　　　$v = 1.355$ m/s

2.4　设计管段与衔接方式

2.4.1　设计管段及其划分

设计流量是进行污水管道水力计算的重要依据，流量不变的情况下可将污水视为均匀流。因此，设计过程中，通常根据流量的不同将管道划分为多个管段进行水力计算。两个检查井之间的管段采用的设计流量不变，且采用同样的管径和坡度，称为设计管段。但在划分设计管段时，为了简化计算，不需要把每个检查井都作为设计管段的起讫点。因为在直线管段上，即使流量未发生变化，为了疏通管道，也须在一定距离处设置检查井。

如图 2-8 所示，主干管上虽然有 7 个检查井，但设计管段只划分为 3 个，分别为 1-2、2-3 和 3-4 管段。因此，在管道平面布置图上，有流量汇入的检查井均可作为设计管段的起讫点，并且起讫点应编上号码。

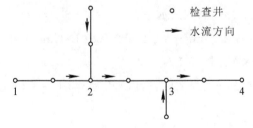

图 2-8　设计管段划分

2.4.2　设计管段的设计流量确定

按汇入流量的方式不同，设计管段的污水流量可分为本段流量和转输流量两部分。本段流量是指直接排到该管段起讫点的流量，转输流量是指从上游管段汇入该管道起讫点的流量。

按污水的来源不同，设计管段的污水流量可分为居民生活污水流量和集中流量。其中，前者是指来自居住区的生活污水流量,后者是指来自公共建筑和工业企业的污水流量。

在确定设计管段的设计流量时,应按汇入流量的方式分别确定居民生活污水和集中流量的设计流量,在此基础上进行加和。

【例2-8】 如图2-9所示,居民区A、B、C、D的面积分别为2.4 hm^2,2.5 hm^2,2.6 hm^2和2.3 hm^2,比流量$q_0=0.5$ L/($hm^2 \cdot$ s);2#检查井来自商场的设计流量$q_1=2.8$ L/s,3#检查井来自工厂甲的设计流量$q_2=4$ L/s。试求1-2,2-3,3-4管段的设计流量各为多少?

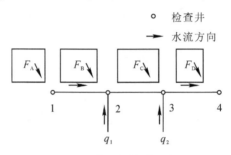

图2-9 某污水管道示意图

【解】 1-2管段:本段流量为居民区A的居民生活污水流量,无转输流量。因此,
$$Q_{1-2}=2.4 \ hm^2 \times 0.5 \ L/(hm^2 \cdot s) \times K_{z1}=1.2 \ L/s \times K_{z1}$$
1.2 L/s对应的K_{z1}为2.7,所以$Q_{1-2}=1.2$ L/s$\times 2.7=3.24$ L/s。

2-3管段:本段流量为居民区B的居民生活污水流量和集中流量q_1,转输流量为居民区A的居民生活污水流量。因此,该管段设计流量为居民区A、B上的生活污水设计流量和集中流量q_1之和,列式如下:
$$Q_{2-3}=(2.4 \ hm^2+2.5 \ hm^2) \times 0.5 \ L/(hm^2 \cdot s) \times K_{z2}+q_1=4.5 \ L/s \times K_{z2}+2.8 \ L/s$$
平均流量4.5 L/s对应的K_{z2}为2.7,所以$Q_{2-3}=4.5$ L/s$\times 2.7+2.8=14.95$ L/s。

3-4管段:本段流量为居民区C的居民生活污水流量和集中流量q_2,转输流量为居民区A和居民区B的居民生活污水流量。因此,该管段设计流量为居民区A、B、C上的生活污水设计流量和集中流量(q_1、q_2)之和,列式如下:
$$Q_{3-4}=(2.4 \ hm^2+2.5 \ hm^2+2.6 \ hm^2) \times 0.5 \ L/(hm^2 \cdot s) \times K_{z3}+q_1+q_2$$
$$=7.5 \ L/s \times K_{z3}+6.8 \ L/s$$
平均流量7.5 L/s对应的K_{z3}为2.63,所以$Q_{2-3}=7.5$ L/s$\times 2.63+6.8=26.53$L/s。

2.4.3 设计管段的衔接方式

1.衔接遵循的原则

不同设计管段在检查井中完成衔接时,必须考虑上下游管道的高程关系。衔接时应遵循两个原则:

(1)尽可能提高下游管段的高程,以减少管道埋深,降低工程造价;

(2)避免上游管段中形成回水造成淤积。

2.衔接方式

1)常见的衔接方式

管道的衔接方式通常有 3 种:管顶平接、水面平接和管底平接,见图 2-10。

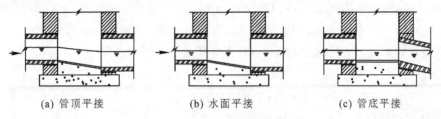

(a) 管顶平接　　　　　(b) 水面平接　　　　　(c) 管底平接

图 2-10　管道的衔接方式

管顶平接是指在水力计算中,使上游管段终端和下游管段起端的管顶标高相同。管顶平接便于施工,但下游管段的埋深将增加,适用于"小管接大管"时管道的衔接。

水面平接是指在水力计算中,使上游管段终端和下游管段起端在指定的设计充满度下的水面相平,即上游管段终端与下游管段起端的水面标高相同。水面平接利于减小下游管段的埋深,适用于"管径相同"或"小管接大管"时管道的衔接。

管底平接是指在水力计算中,使上游管段终端和下游管段起端的管底标高相同。当下游管段的地面坡度增大较大时,为了满足最小埋深的要求,通常下游管段的坡度也要增大,在满足通水能力的前提下,下游管段的管径可小于上游管段。因此,管底顶平接适用于"大管接小管"时管道的衔接。

总之,无论采用哪种衔接方法,为避免回水,下游管段起端的水面和管底标高都不得高于上游管段终端的水面和管底标高。

2)特殊的衔接方式

当下游管段的地面坡度陡降时,为了保证下游管段的最小覆土厚度及管内流速的要求,可根据地面坡度采用跌水连接(见图 2-11)。根据《室外排水设计标准》(GB 50014—2021):管道跌水水头为 1.0~2.0 m 时宜设跌水井;跌水水头大于 2.0 m 时,应设跌水井;管道转弯处不宜设跌水井。

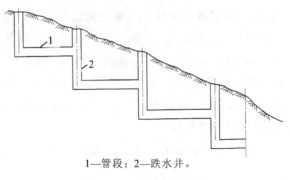

1—管段;2—跌水井。

图 2-11　管段跌水连接

【例 2-9】　已知设计钢筋混凝土管段长度 $l=130$ m,地面坡度 $i=0.0014$,流量 $Q=56$ L/s,上游管段直径 $D=350$ mm,充满度 $h/D=0.59$,管底标高为 43.67 m,地面标高为

45.48 m。求：设计管段的直径与管底标高。

【解】 覆土厚度为 $45.48-43.67-0.35=1.46$ m。与最小覆土厚度允许值 0.7 m 相差较大，因此设计时应尽量使设计管段坡度小于地面坡度以减小埋深。

(1)令 $D=350$ mm，查附图 4，当 $D=350$ mm，$Q=56$ L/s，$v=0.60$ m/s 时，$I=0.0015$，但 $h/D=0.95>0.65$，不符合标准要求。当 $h/D=0.65$ 时，$v=0.85$ m/s，但 $I=0.0030>i=0.0014$，管道设计坡度远大于地面坡度，不符合本题减小埋深的原则。

(2)令 $D=400$ mm，查附图 5，当 $D=400$ mm，$Q=56$ L/s，$v=0.60$ m/s 时，$I=0.0012$，但 $h/D=0.70>0.65$，不符合标准要求；当 $h/D=0.65$ 时，$I=0.00145$，$v=0.65$ m/s，符合标准要求，且管道坡度与地面坡度 $i=0.0014$ 接近，故可采用。

由于"小管接大管"，假设采用管顶平接，则有：

设计管段的上端管底标高：$43.670+0.350-0.400=43.620$ m

设计管段的下端管底标高：$43.620-130\times0.00145=43.432$ m

检验：

上游管段下端水面标高：$43.670+0.350\times0.59=43.877$ m

设计管段上端水面标高：$43.620+0.65\times0.400=43.880$ m

由于下游管段起端水面标高(43.880 m)高于上游管段终端水面标高(43.877 m)，故不能采用管顶平接。

若采用水面平接，则有：

设计管段的上端管底标高：$43.67+0.350\times0.59-0.400\times0.65=43.616$ m

设计管段的下端管底标高：$43.616-130\times0.00145=43.428$ m

经检验，上游管段下端管底标高(43.670 m)大于设计管段上端管底标高(43.616 m)，故衔接方式合理。

综上，设计管段管径 $D=400$ mm，上端和下端管底标高分别为 43.616 m 和 43.428 m，与上游管段之间采用水面平接。

【例 2-10】 已知钢筋混凝土管 $l=190$ m，$Q=66$ L/s，地面坡度 $i=0.008$(上端地面标高 44.50 m，下端地面标高 42.98 m)，上游管段 $D=400$ mm，$h/D=0.61$，其下端管底标高为 43.40 m，覆土厚度 0.7 m。求：设计管段的管径与管底标高。

【解】 本例的特点是地面坡度偏大，且上游管段下端覆土厚度为 0.7 m，已为最小容许值，故设计管段的坡度不应小于地面坡度；以减小埋深为原则，所以管段的坡度采用地面坡度。由于管道坡度偏大，理论上设计管段的管径可小于上游管段，根据规范，在地面坡度变陡处，管道管径可以较上游小 1 或 2 级。因此，首先确定设计管段可以选取的最小管径，在此基础上，进行设计管段的水力学计算和管道的衔接。

(1)令 $D=400$ mm，$I=i=0.008$，$h/D=0.65$ 时，查图得 $Q=133$ L/s>66 L/s，故设计管径可能选取更小一级。

(2)令 $D=350$ mm，$I=i=0.008$，$h/D=0.65$ 时，查图得 $Q=91$ L/s>66 L/s，故设计管径可能选取更小一级。

(3)令 $D=300$ mm，$I=i=0.008$，$h/D=0.55$ 时，查图得 $Q=47$ L/s<66 L/s，故 $D=$

300 mm 时,不能满足通水能力。

　　因此,选用 $D=350$ mm,$I=i=0.008$。水力计算如下:

　　当 $D=350$ mm,$Q=66$ L/s,$I=0.008$ 时查附图 3 得 $h/D=0.53$,$v=1.28$ m/s,符合标准要求。

　　由于"大管接小管",故采用管底平接,则有:

　　设计管段上端管底标高与上游管段下端管底标高相同,为 43.40 m。

　　设计管段下端管底标高为 $43.40-190\times0.008=41.88$ m

　　综上,设计管段管径 $D=350$ mm,上端和下端管底标高分别为 43.40 m 和 41.88 m,与上游管段之间采用管底平接。

2.5　污水管道设计计算案例

　　图 2-12 为某市一街区的平面图。居住区人口密度为 350 人/hm^2,居民生活污水定额为 120 L/(人·d)。火车站和公共浴室的设计污水量分别为 4 L/s 和 5 L/s。工厂甲和工厂乙的工业废水设计流量分别为 20 L/s 与 10 L/s。生活污水及经过局部处理后的工业废水全部输送至污水处理厂处理。工厂甲废水排出口的管底埋深为 1.85 m。

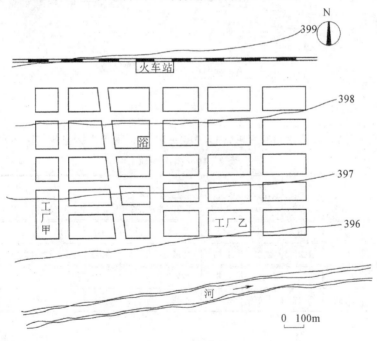

图 2-12　某市一街区平面图

2.5.1　污水管道的布设

　　由平面图可知,该区地势自北向南倾斜,坡度较小,无明显分水线、可划分为一个排水流域。街道支管布置在街区地势较低一侧的道路下,干管基本上与等高线垂直布置,主干管则沿街区南侧河岸布置,基本与等高线平行。整个管道系统呈截流式形式布置,如图 2-13 所示。

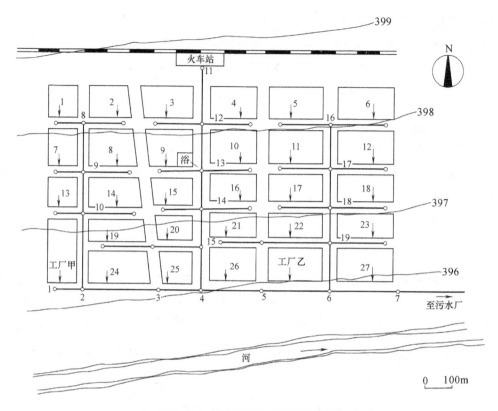

图 2-13 某街区污水管道平面布置

2.5.2 计算汇水面积

将各街区编上号码,计算它们的面积,列入表 2-10 中。用箭头标出各街区污水排出的方向。

表 2-10 街区面积

街区编号	1	2	3	4	5	6	7	8	9	10	11
街区面积/hm²	1.23	1.72	2.10	2.00	2.22	2.22	1.45	2.23	1.98	2.06	2.42
街区编号	12	13	14	15	16	17	18	19	20	21	22
街区面积/hm²	2.42	1.23	2.30	1.47	1.72	2.02	1.82	1.68	1.25	1.55	1.73
街区编号	23	24	25	26	27						
街区面积/hm²	1.82	2.22	1.40	2.06	2.42						

2.5.3 划分设计管段,确定设计流量

根据设计管段的定义和划分方法,将各干管和主干管中有本段流量进入的点、集中流量及旁侧支管进入的点,作为设计管段的起讫点的检查井并编上号码。例如,本例的主干管长 1200 多米,根据设计流量变化的情况,可划分为 1-2,2-3,3-4,4-5,5-6,6-7 共 6 个设计管段。

各设计管段的设计流量应列表进行计算,在初步设计中只计算干管和主干管的设计流量,见表 2-11。

表 2-11　污水干管设计流量计算表

管段编号	居住区生活污水量						总变化系数 K_z	生活污水设计流量 $Q_1/(\text{L}\cdot\text{s}^{-1})$	集中流量		设计流量 Q $/(\text{L}\cdot\text{s}^{-1})$
	本段流量				转输流量 q_2 $/(\text{L}\cdot\text{s}^{-1})$	合计平均流量 $/(\text{L}\cdot\text{s}^{-1})$			本段 $(\text{L}\cdot\text{s}^{-1})$	转输 $(\text{L}\cdot\text{s}^{-1})$	
	街区编号	街区面积 $/\text{hm}^2$	比流量 q_s $/(\text{L}\cdot(\text{s}\cdot\text{hm}^2)^{-1})$	流量 q_1 $/(\text{L}\cdot\text{s}^{-1})$							
1	2	3	4	5	6	7	8	9	10	11	12
1-2	—	—	—	—	—	—	—	—	20.00	—	20.00
8-9	—	—	—	—	1.43	1.43	2.70	3.87	—	—	3.87
9-10	—	—	—	—	3.22	3.22	2.70	8.70	—	—	8.70
10-2	—	—	—	—	4.94	4.94	2.70	13.33	—	—	13.33
2-3	24	2.22	0.486	1.08	4.94	6.02	2.67	16.06	—	20.00	36.06
3-4	25	1.40	0.486	0.68	6.02	6.70	2.65	17.76	—	20.00	37.76
11-12	—	—	—	—	—	—	—	—	4.00	—	4.00
12-13	—	—	—	—	1.99	1.99	2.70	5.38	—	4.00	9.38
13-14	—	—	—	—	3.96	3.96	2.70	10.68	5.00	4.00	19.68
14-15	—	—	—	—	5.51	5.51	2.68	14.77	—	9.00	23.77
15-4	—	—	—	—	6.93	6.93	2.64	18.30	—	9.00	27.30
4-5	26	2.06	0.486	1.00	13.63	14.63	2.41	35.26	—	29.00	64.26
5-6	—	—	—	—	13.63	14.63	2.41	35.26	10.00	29.00	74.26
16-17	—	—	—	—	2.16	2.16	2.70	5.83	—	—	5.83
17-18	—	—	—	—	4.51	4.51	2.70	12.18	—	—	12.18
18-19	—	—	—	—	6.38	6.38	2.66	16.97	—	—	16.97
19-6	—	—	—	—	8.85	8.85	2.58	22.83	—	—	22.83
6-7	27	2.42	0.486	1.18	23.48	24.66	2.28	56.22	—	39.00	95.22

本例中,居住区人口密度为 350 人/hm²,居民生活污水定额为 120 L/(人·d),则生活污水比流量为

$$q_s = \frac{350 \times 120}{86400} = 0.486 \text{ L/(s·hm}^2)$$

本例中有 4 个集中流量,在检查井 1、5、11、13 分别进入管道,相应的设计流量为 20 L/s、10 L/s、4 L/s、5 L/s。

如图 2-13 和表 2-11 所示,设计管段 1-2 为主干管的起始管段,只有集中流量(工厂甲的污废水)20 L/s 流入,故设计流量为 20 L/s。设计管段 2-3 除转输管段 1-2 的集中流量 20 L/s 外,还有本段流量 q_1 和转输流量 q_2 流入。该管段接纳街区 24 的污水,其面积为 2.22 hm²(见街区面积表),故本段流量 $q_1 = q_s \cdot F = 0.486 \times 2.22 = 1.08$ L/s;该管段的转输流量是从旁侧管段 8-9-10-2 流来的生活污水平均流量,其值为 $q_2 = q_s \cdot F = 0.486 \times (1.23 + 1.72 + 1.45 + 2.23 + 1.23 + 2.30) = 0.486 \times 10.16 = 4.94$ L/s。合计平均流量 $q_1 + q_2 = 1.08 + 4.94 = 6.02$ L/s。计算得,$K_z = 2.67$。该管段的生活污水设计流量 $Q_1 = 6.02 \times 2.67 = 16.06$ L/s。总计设计流量 $Q = 16.06 + 20 = 36.06$ L/s。

其余管段的设计流量计算方法相同。

2.5.4 水力计算

在确定设计流量后,便可以进行主干管各设计管段的水力计算,按自上而下的顺序依次计算。一般常列表进行计算,见表 2-12。水力计算步骤如下:

(1)从管道平面布置图上量出每一设计管段的长度,列入表 2-12 第 2 项。

(2)将各设计管段的设计流量列入表中第 3 项。设计管段起讫点检查井处的地面标高列入表中第 10、11 项。

(3)计算每一设计管段的地面坡度(地面坡度 = $\frac{\text{地面高差}}{\text{距离}}$),作为确定管道坡度时参考。

例如,管段 1-2 的地面坡度 $i_{1-2} = \frac{396.20 - 396.10}{110} = 0.0009$。

(4)确定起始管段的管径以及设计流速 v,设计坡度 I,设计充满度 h/D。首先拟采用最小管径 300 mm,即查附录 2-1 附图 3。在这张计算图中,管径 D 和粗糙系数 n 已知,其余 4 个水力计算参数只要知道 2 个即可求出另外 2 个。现已知设计流量,另 1 个可根据水力计算设计数据的规定设定。本例中由于管段的地面坡度很小,为不使整个管道系统的埋深过大,宜采用最小设计坡度为设定数据。相应于 300 mm 管径的最小设计坡度为 0.003。当 $Q = 20$ L/s,$I = 0.003$ 时,查表得出 $v = 0.66$ m/s(大于最小设计流速 0.6 m/s),$h/D = 0.44$(小于最大设计充满度 0.55),计算数据符合标准要求。将所确定的管径 D、坡度 I、流速 v、充满度 h/D 分别列入表 2-12 的第 4、5、6、7 项。

表 2-12 污水主干管水力计算表

管段编号	管道长度 l/m	设计流量 Q/(L·s⁻¹)	管径 D/mm	管道坡度 I	流速 v/(m·s⁻¹)	充满度 h/D	水深 h/m	降落量 I·l/m	标高/m 地面标高 上端	地面标高 下端	水面标高 上端	水面标高 下端	管内底标高 上端	管内底标高 下端	埋设深度/m 上端	埋设深度/m 下端	与上游管段的衔接方式
1	2	3	4	5	6	7	8	9	10	11	12	13	14	15	16	17	18
1-2	110	20.00	300	0.0030	0.66	0.44	0.132	0.330	396.20	396.10	394.482	394.152	394.350	394.020	1.850	2.080	—
2-3	250	36.06	350	0.0023	0.69	0.53	0.186	0.575	396.10	396.05	394.152	393.577	393.966	393.391	2.134	2.659	水面平接
3-4	170	37.76	350	0.0023	0.70	0.55	0.193	0.391	396.05	396.00	393.577	393.186	393.385	392.994	2.666	3.007	水面平接
4-5	220	64.26	400	0.0021	0.77	0.63	0.252	0.462	396.00	395.90	393.186	392.724	392.934	392.472	3.066	3.428	水面平接
5-6	240	74.26	450	0.0021	0.80	0.57	0.257	0.504	395.90	395.80	392.679	392.175	392.422	391.918	3.478	3.882	管顶平接
6-7	240	95.22	450	0.0023	0.88	0.64	0.288	0.552	395.80	395.70	392.175	391.623	391.887	391.335	3.913	4.365	水面平接

(5)确定其他管段的管径 D、设计流速 v、充满度 h/D 和坡度 I。随着设计流量的增加,下游管段的管径一般会增大或者保持不变,而且流速不应减小,这样便可初步确定管径。再根据 Q 和 v 即可确定相应的 h/D 和 I 值,若二者符合设计标准的要求,说明水力计算合理,否则应重新计算,将计算结果填入表 2-12 中。在水力计算中,由于 Q、v、h/D、I、D 各水力因素之间存在相互制约的关系,因此存在一个试算过程。

(6)计算各管段上端、下端的水面、管底标高及其埋设深度:

①根据设计管段长度和管道坡度求降落量。如管段 1-2 的降落量为 $I \cdot l = 0.003 \times 110 = 0.33$ m,列入表中第 9 项。

②根据管径和充满度求水深。如管段 1-2 的水深为 $h = D \cdot h/D = 0.3 \times 0.44 = 0.132$ m,列入表中第 8 项。

③确定管网系统的控制点。本例中离污水处理厂最远的干管起点有 8、11、16 及工厂出水口 1 点,这些点都可能成为控制点。8、11、16 三点的埋深可用最小覆土厚度的限值确定,由北至南地面坡度约 0.0035,可取干管坡度与地面坡度近似,因此干管埋深不会增加太多,整个管线上又无个别低洼点,故 8、11、16 三点的埋深不能控制整个主干管的埋设深度。对主干管埋深起决定作用的控制点则是 1 点。

1 点是主干管的起始点,它的埋设深度受工厂排出口埋深的控制,定为 1.85 m,将该值列入表中第 16 项。

④求设计管段上、下端的管内底标高,水面标高及埋设深度。

1 点的管内底标高等于 1 点的地面标高减 1 点的埋深,为 $396.200 - 1.850 = 394.350$ m,列入表中第 14 项。

2 点的管内底标高等于 1 点管内底标高减降落量,为 $394.350 - 0.330 = 394.020$ m,列入表中第 15 项。

2 点的埋设深度等于 2 点的地面标高减 2 点的管内底标高,为 $396.100 - 394.020 = 2.080$ m,列入表中第 17 项。

管段的水面标高等于管内底标高与水深之和。如管段 1-2 中 1 点的水面标高为 $394.350 + 0.132 = 394.482$ m,列入表中第 12 项。2 点的水面标高为 $394.020 + 0.132 = 394.152$ m 列入表中第 13 项。

根据管段的衔接方法,可确定下游管段的管内底标高。例如,管段 1-2 与 2-3 的管径不同,采用水面平接。即管段 1-2 中的 2 点与 2-3 中的 2 点的水面标高相同。所以管段 2-3 中的 2 点的管内底标高为 $394.152 - 0.186 = 393.966$ m。根据 2-3 管段的坡降即可求出 3 点的管内底标高、水面标高及埋设深度。

(7)进行管道水力计算时,应注意的问题:

① 必须认真确定管道系统的控制点:排水区域内,既要尽可能多地让污水经重力流汇至管网系统,又不能因个别低洼位置的污水使整个管网系统的埋深增加很大。因此,控制点常位于区域的最远或最低处,例如,各管道的起点、低洼地区的个别街坊和污水出口较深的工业企业或公共建筑都是研究控制点的对象。

② 必须细致研究设计管段敷设坡度与对应地面坡度之间的关系。使确定的管道坡度,在保证最小设计流速的前提下,不使管道的埋深过大,又便于支管的接入。

③ 水力计算自上游向下游管段依次进行。一般情况下,随着设计流量的增加,设计流速

也应相应增加;如流量保持不变,流速不应减小。另外,随着设计流量逐段增加,设计管径也不应减小;但当管道坡度骤然增大时,下游管段的管径可以减小,但缩小的范围不得超过 50～100 mm。

④ 在地面坡度陡降的地区,为了防止流速过大而冲刷管壁,管道坡度往往需要小于地面坡度。此时,有可能使下游管段的覆土厚度无法满足最小限值的要求,甚至超出地面,这种情况可采用跌水连接。

⑤ 在支管与干管的连接点处,要考虑干管的埋深是否允许支管接入。不能接入时,可考虑在连接点处设置跌水井。

思考题

1.说明生活污水总变化系数的含义,如何确定这个总变化系数?

2.污水管道中的水流有何特点?其水力计算为何采用均匀流公式?

3.在进行污水管道水力计算时,对设计充满度、设计流速、最小管径和最小设计坡度是如何规定的?

4.污水管道的覆土厚度和埋设深度有何关系?

5.污水管道定线的一般原则和方法是什么?

6.什么叫设计管段?如何划分设计管段?每一设计管段的设计流量可能包括哪几部分?

7.污水管道水力计算的基本公式是什么?水力计算有哪些方法?

8.随着充满度的增加,污水管道的水力半径、流量和流速是如何变化的?

9.设计管段之间有哪些衔接方法?衔接时应注意什么问题?

10.管道水力计算的目的是什么?水力计算有何步骤?应注意哪些问题?

习　题

1.某开发区面积为 300 hm²,人口密度为 400 人/hm²,生活污水定额为 120 L/(人·d)。该开发区还建有一家工厂,最大班职工人数 800 人,其中热车间 500 人,使用淋浴人数按 85% 计;一般车间 300 人,使用淋浴人数按 50% 计;该工厂生产工业品规模为 80 t/d,废水量定额 120 L/t,每天生产 18 h,3 班制,时变化系数为 1.8。试确定该开发区污水管网的设计流量。

2.某排水管道采用钢筋混凝土管,设计流量为 195 L/s,试用比例换算法计算分别采用设计管径为 $D=500$ mm、$D=600$ mm 和 $D=700$ mm 在充满度为 0.65 时的水力坡度。

3.已知某设计管段长 $l=150$ m,地面坡度 $i=0.0036$,设计流量 $Q=29$ L/s,上游管道 $D=300$ mm,充满度 $h/D=0.55$,管底标高为 46.65 m,地面标高为 48.60 m。求设计管段的直径和管底标高。

第3章 雨水管渠系统的设计

雨水管渠系统由雨水管渠及其附属构筑物组成,其任务是及时汇集并排除暴雨形成的地面径流,保护城市居住区与工业企业免受洪灾,保障城市人民的生命安全和生活生产的正常秩序。通常,雨水管渠的设计内容包括:

(1)确定当地暴雨强度公式;

(2)划分排水流域,进行雨水管渠的定线,确定可能设置的调蓄池、泵站位置;

(3)根据当地气象与地理条件、工程要求等确定设计参数;

(4)确定设计流量并进行水力计算,最终确定每一设计管段的断面尺寸、坡度、管底标高及埋深;

(5)绘制管渠平面图及纵剖面图。

3.1 雨水管渠基础知识

3.1.1 基本概念

1.降雨量与降雨历时

降雨量是指降雨的绝对量,即降雨深度。用 H 表示,单位以"mm"计。也可用单位面积上的降雨体积(L/hm^2)表示。在研究降雨量时,很少以一场雨为对象,而常以单位时间的降雨量表示,例如,年平均降雨量、月平均降雨量、年最大日降雨量等。

降雨历时是指连续降雨的时段,可以指一场雨全部降雨的时间,也可以指其中个别的连续时段。用 t 表示,以"min"或"h"计。

降雨量和降雨历时可由自记雨量计获得,虹吸式雨量计由承雨器、浮子室、自记钟、外壳组成(见图 3-1)。承雨器的承水口直径为 200 mm,降雨由承水口进入,经汇集进入小漏斗,导至浮子室。室内的浮子随着注入雨水的增加而上升,并带动自记笔在记录纸上画出曲线。当浮子上升高度达到 10 mm 时,室内的雨水经虹吸作用排入储水瓶,同时自记笔垂直下跌至零线位置,如此往复,持续记录降雨过程。

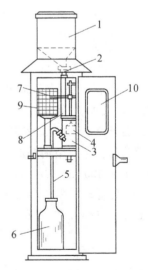

1—承雨器;2—小漏斗;3—浮子室;
4—浮子;5—虹吸管;6—储水瓶;
7—自记笔;8—笔档;9—自记钟;10—观测窗。

图 3-1 虹吸自记雨量计结构图

记录纸上纵坐标记录雨量,横坐标记录时间,结果见图 3-2。

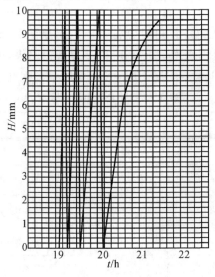

图 3-2　自记雨量记录

2.暴雨强度

以降雨时间为横坐标、累计降雨量为纵坐标绘制的曲线称为降雨量累计曲线(见图3-3),表述了降雨历时与降雨量的关系。

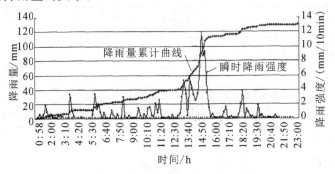

图 3-3　降雨强度和降雨量累计曲线

降雨量累计曲线上某一点的斜率即为该时间的瞬时降雨强度。单位时间内的累计降雨量即为该段降雨历时的平均降雨强度。如果该时间段(降雨历时)覆盖了降雨的雨峰时间,则计算的数值即为对应该降雨历时的暴雨强度。

暴雨强度习惯用符号 i 表示,单位为"mm/min"。在工程上,亦常用单位时间单位面积上的降雨体积表示,符号为 q,单位为"L/(s·hm²)"。

由于 $1\ mm/min = 1(L/m^2)/min = 10000(L/min)/hm^2$,可得和 q 之间的换算关系为

$$q = \frac{10000}{60}i = 167i\ [(L/s)/hm^2] \tag{3-1}$$

式中　q——暴雨强度,L/(s·hm²);

　　　i——暴雨强度,mm/min。

暴雨强度是描述暴雨特征的重要指标,也是决定雨水设计流量的主要因素。在一场降雨

中,暴雨强度是随降雨历时变化的。在推求暴雨强度公式时,降雨历时常采用 5 min、10 min、15 min、20 min、30 min、45 min、60 min、90 min、120 min、150 min 和 180 min 共 11 个历时。对排水系统设计而言,有意义的是找出对应各降雨历时最陡的那段曲线,即最大平均暴雨强度。表 3-1 所列最大平均暴雨强度是根据图 3-2 整理的结果,由表可见,最大平均暴雨强度随降雨历时的增加呈降低的趋势,即降雨历时长对应的暴雨强度小于历时短对应的暴雨强度。

表 3-1 最大平均暴雨强度

降雨历时 t/min	降雨量 H/mm	暴雨强度 i/(mm·min^{-1})	所选时段	
			起	止
5	6	1.2	19:07	19:12
10	10.2	1.02	19:04	19:14
15	12.3	0.82	19:04	19:19
20	15.5	0.78	19:04	19:24
30	20.2	0.67	19:04	19:34
45	24.8	0.55	19:04	19:49
60	29.5	0.49	19:04	20:04
90	34.8	0.39	19:04	20:34
120	37.9	0.32	19:04	21:04
150	40.8	0.27	19:04	21:34
180	43.6	0.24	19:04	22:04

3.暴雨强度频率

某一强度暴雨出现的可能性,可以通过长期的观测数据进行统计获得。某特定值暴雨强度的频率是指等于或大于该值的暴雨强度出现的个数 m 与观测资料总个数 n 之比的百分数,用 P_n 表示,计算式见(3-2);为了更合理反映暴雨强度出现的可能性,水文学常用式(3-3)进行计算。

$$P_n = \frac{m}{n} \times 100\% \qquad (3-2)$$

$$P'_n = \frac{m}{n+1} \times 100\% \qquad (3-3)$$

式中　P_n——暴雨强度次频率。

观测资料总个数 n 为降雨观测资料的年数 N 与每年选入的平均雨样数 M 的乘积,因此,按式(3-2)和(3-3)计算所得的频率称为"次(数)频率"。若每年只取一个最大值雨样,按式(3-4)计算所得的频率称为"年频率",用 P_N 表示,单位 a^{-1}。

$$P_N = \frac{m}{N} \times 100\%　\qquad (3-4)$$

式中　　P_N——暴雨强度年频率，a^{-1}。

显然，参与统计的数据越多，这种近似性表示就越精确。且根据以上定义可知，当对应于特定降雨历时的暴雨强度的频率越小时，该暴雨强度的值就越大。

4. 暴雨强度重现期

某特定值暴雨强度重现期是指等于或大于该值的暴雨强度可能出现一次的平均间隔时间，单位为 a。重现期 P 与年频率互为倒数，按式（3-5）计算。

$$P = \frac{1}{P_N}　\qquad (3-5)$$

式中　　P——暴雨强度重现期，a。

需要指出，重现期是基于统计学引出的概念。某一暴雨强度的重现期等于 P，并不是说大于等于暴雨强度的降雨每隔 P 年就一定会发生一次。P 年重现期是指在相当长的一个时间序列（远远大于 P 年）中大于等于该指标的数据平均出现的可能性为 P_n^{-1}。对于某一个具体的 P 年时间段而言，大于等于该强度的暴雨可能出现一次，也可能出现数次或根本不出现。

重现期越大，暴雨强度则越大。因此，在雨水管渠设计计算中，若采用较高的设计重现期，计算的设计流量就较大，则管渠的断面也相应增大，排水顺畅，但投资较高；反之，投资较小，则安全性差。

3.1.2　暴雨强度公式

根据数理统计理论，暴雨强度 i（或 q）与降雨历时 t 和重现期 P 之间关系，可用一个经验函数表示，称为暴雨强度公式。其函数形式可以有多种，《室外排水设计标准》（GB50014—2021）中规定采用暴雨强度公式的形式为：

$$q = \frac{167 A_1 (1 + C \lg P)}{(t+b)^n}　\qquad (3-6)$$

式中　　　　　q——设计暴雨强度，$L/(s \cdot hm^2)$；

　　　　　　　t——降雨历时，min；

　　　　　　　P——设计重现期，a；

　　A_1, C, n, b——地方参数，根据统计方法进行计算确定。

我国部分城市的暴雨强度公式见附录 3-1，其他城市的暴雨强度公式可参见《给水排水设计手册》（第二版）第 5 册或各地官方发布的暴雨强度公式。

以降雨历时 t 为横坐标，暴雨强度 i（或 q）为纵坐标，将所选用的几个重现期的各历时的暴雨强度值点出，然后将重现期相同的各历时的暴雨强度 i_5、i_{10}、i_{15}、i_{20}、i_{30}、i_{45}、i_{60}、i_{90}、i_{120} 各点连成光滑的曲线。这些曲线表示暴雨强度与降雨历时和重现期三者之间的关系，称为暴雨强度曲线，见图 3-4。

由图可见，在同一暴雨重现期，暴雨强度随降雨历时的增大而减小；在相同的降雨历时，暴雨强度随重现期的增大而增大。

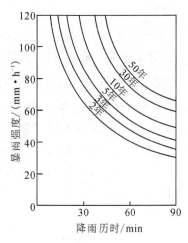

图 3-4　暴雨强度与降雨历时和重现期的关系

3.2　雨水管渠设计流量的确定

雨水设计流量通常采用经验公式(3-7)计算.

$$Q = \Psi q F \tag{3-7}$$

式中　Q——雨水设计流量,L/s;

　　　Ψ——径流系数,其数值小于 1;

　　　F——汇水面积,hm²;

　　　q——设计暴雨强度,L/(s·hm²)。

3.2.1　极限强度理论

1.地面上雨水的汇流过程

各点产生的径流沿着地面坡度汇流至低处,经地面雨水口进入雨水管渠系统,最终汇入江河。通常将雨水径流从流域的最远点流到出口断面的时间称为流域的集流时间或集水时间。

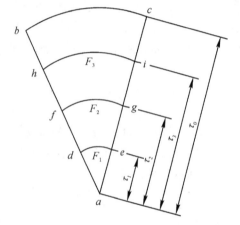

图 3-5　地面汇流示意图

如图 3-5 所示为一块扇形流域汇水面积,其边界线是 ab、ac 和 $\overset{\frown}{bc}$,a 点为集流点(如雨水口、管渠上某一断面等)。假设汇水面积内地面坡度均等,则雨水在地面的流行时间仅与距离有关。以 a 点为圆心所划的圆弧线 $\overset{\frown}{de}$、$\overset{\frown}{fg}$、$\overset{\frown}{hi}$,称为等流时线,每条等流时线上的雨水径流流达 a 点的时间是相等的,分别计为 τ_1,τ_2,τ_3。流域边缘线 $\overset{\frown}{bc}$ 上雨水径流流达 a 点的时间 τ_0 称为汇水面积的集流时间或集水时间。

降雨刚产生径流后,a 点所汇集的流量仅来自 a 点附近小块面积上的雨水,距离较远的雨水尚未汇集。随着降雨历时的增长,a 点汇集的流量所对应的汇水面积不断增加,当 bc 上的雨水流达集流点 a 时,汇水面积扩大到整个流域,即全流域面积参与径流,此时集流点 a 产生最大流量。

由于不同等流时线与 a 点距离不等,那么同时降落在各条等流时线上的雨水不可能同时流达 a 点。反之,同时汇流至 a 点的雨水,并不是同时降落的。例如,来自 a 点附近的雨水是 x 时降落的,则来自流域边缘的雨水是 $(x-\tau_0)$ 时降落的,因此,全流域径流在集流点出现的流

量来自 τ_0 时段内的降雨量。

由式(3-7)可知,雨水的设计流量 Q 随径流系数 Ψ(通常为常数)、汇水面积 F 和设计暴雨强度 q 而变化。前述可知,全流域产生径流之前,随着集水时间增加,汇水面积随之增加,直至增加到全部面积;而设计暴雨强度 q 和降雨历时 t 呈负相关关系,即随降雨历时的增加而减小。因此,集流点究竟在什么时间承受最大雨水量,是设计雨水管道需要研究的重要问题。

2.极限强度理论

极限强度法,即承认降雨强度随降雨历时的增加而减小的规律性,同时认为汇水面积的增长与降雨历时成正比,而且汇水面积随降雨历时增长的速度较降雨强度随降雨历时增长而减小的速度更快。

为了便于全面分析,假设降雨历时 t 远大于集流时间 τ_0。当降雨历时 t 小于流域的集流时间 τ_0 时,只有部分面积参与汇流,由于面积增长较降雨强度减小的速度更快,因而得出的径流量小于最大径流量。当降雨历时 t 大于集流时间 τ_0 时,全面积参与汇流,面积已为最大值,而降雨强度则随降雨历时的增长而减小,径流量也随之由最大逐渐减小。因此,只有当降雨历时等于集流时间时,全面积参与径流,产生最大径流量。所以雨水管渠的设计流量可用全部汇水面积 F 乘以流域的集流时间 τ_0 时的暴雨强度 q 及地面平均径流系数得到。

根据以上分析,雨水管道设计的极限强度理论包括两部分内容:

(1)当全面积产生汇流时,雨水管道的设计流量最大;

(2)当降雨历时等于汇水面积最远点的集流时间时,雨水管道需要排除的雨水量最大。

因此,在雨水管渠设计中,F 一般取设计管段对应的汇水面积;通常用汇水面积最远点的集水时间 τ_0 作为设计降雨历时 t。

3.2.2　径流系数的确定

1.径流系数的定义

降雨发生后,部分雨水被植物截留,部分渗入土壤,当雨水填满地面的洼地后,开始产生地面径流并流入雨水管渠系统,这部分雨水量称为径流量。径流量与降雨量的比值称为径流系数,用 Ψ 表示,其值常小于 1。

除了受降雨情况的影响外,径流系数主要因地面覆盖情况、地面硬化情况、地面坡度、建筑密度的分布、路面铺砌等情况的不同而异。在雨水管渠的设计中,径流系数通常按地面覆盖种类的情况确定其经验值,具体见表3-2。

表 3-2　径流系数表

地面种类	径流系数 Ψ
各种屋面、混凝土或沥青路面	0.85~0.95
大块石铺砌路面或沥青表面处理的碎石路面	0.55~0.65
级配碎石路面	0.40~0.50
干砌砖石或碎石路面	0.35~0.40
非铺砌路面	0.25~0.35
公园或绿地	0.10~0.20

2.加权平均法确定区域径流系数

通常,汇水面积是由不同性质的地面覆盖所组成,Ψ值随着它们占地比例的变化而异。因此,整个汇水面积上的平均径流系数 Ψ_{av} 值可根据各类地面面积用加权平均法计算而得到,见式(3-8)。

$$\Psi_{av} = \frac{\sum F_i \cdot \Psi_i}{F} \qquad (3-8)$$

式中　F_i——汇水面积上各类地面的面积,hm^2;

　　　Ψ_i——相应于各类地面的径流系数;

　　　F——全部汇水面积,hm^2。

【例3-1】 已知某小区内(系居住区内的典型街区)各类地面的面积 F_i 值见表3-3,求该小区内的平均径流系数 Ψ_{av} 值。

表3-3　某小区面积及径流系数值

地面种类	面积 F_i/hm^2	采用的 Ψ_i 值
屋面	1.2	0.9
沥青道路及人行道	0.6	0.9
圆石路面	0.6	0.4
非铺砌土路面	0.8	0.3
绿地	0.8	0.15
合计	4	0.555

【解】　查表得到各类面积的 Ψ_i 值,填入表3-3中,F 共为 4 hm^2。则

$$\Psi_{av} = \frac{\sum F_i \cdot \Psi_i}{F} = \frac{1.2 \times 0.9 + 0.6 \times 0.9 + 0.6 \times 0.4 + 0.8 \times 0.3 + 0.8 \times 0.15}{4} = 0.555$$

3.采用区域综合径流系数

一般情况,市区的综合径流系数 Ψ 值为 0.5～0.8,郊区 Ψ 值为 0.4～0.6。

表3-4　综合径流系数表

区域情况	径流系数 Ψ
城镇建筑密集区	0.6～0.70
城镇建筑较密集区	0.45～0.6
城镇建筑稀疏区	0.20～0.45

3.2.3　集水时间 t 的确定

汇水面积最远点的雨水流到设计断面所需的时间称为集水时间。对管道的某一设计断面而言,集水时间 t 由两部分组成:

(1)地面集水时间 t_1,即从汇水面积最远点流到雨水口的时间;

(2)管渠内雨水的流行时间 t_2,即从雨水口流到设计断面的时间。

1.地面集水时间 t_1 的确定

地面集水时间 t_1 受地形坡度、地面铺砌与种植情况、水流路径、道路纵坡和宽度等因素的影响,主要取决于雨水流行的距离和地面坡度。在实际设计工作中,很难准确计算,根据《室外排水设计标准》(GB50014—2021),地面集水时间一般采用 5~15 min。

在建筑密度较大、地形较陡、雨水口分布较密的区域,雨水需要迅速排除,宜采用较小的 t_1 值,可取 5~8 min 左右;在建筑密度较小、汇水面积较大、地形较平坦、雨水口布置较稀疏的地区,可取 10~15 min。

2.管渠内雨水的流行时间 t_2 的确定

t_2 是指雨水在管渠内的流行时间,即:

$$t_2 = \sum \frac{l}{60v}(\text{min}) \tag{3-9}$$

式中　l——各管段的长度,m;

　　　v——各管段满管流时的水流速度,m/s。

综上所述,在确定设计重现期 P、设计降雨历时 t 后,雨水管渠设计流量所用的设计暴雨强度公式及流量公式可写成:

$$q = \frac{167A_1(1+C\lg P)}{(t_1+t_2+b)^n} \tag{3-10}$$

$$Q = \frac{167A_1(1+C\lg P)}{(t_1+t_2+b)^n} \cdot \Psi \cdot F \tag{3-11}$$

式中　Q——雨水设计流量,L/s;

　　　Ψ——径流系数,其数值小于1;

　　　F——汇水面积,hm^2;

　　　q——设计暴雨强度,$\text{L/(s·hm}^2)$;

　　　P——设计重现期,a;

　　　t_1——地面集水时间,min;

　　　t_2——管渠内雨水流行时间,min;

　　　A_1、C、b、n——地方参数。

【例 3-2】　某新建居民区拟布置雨水管道系统,规划面积为 1000 m×800 m,径流系数为 0.35。居民区到出水口之间的最长管道为 900 m,假设地面集水时间为 5 min,管道内的平均流速为 1.5 m/s,暴雨强度公式为:$i = 10/(t+20)^{0.5}\,\text{mm/min}$,试求在集流点处的雨水最大流量。

【解】

$$t = t_1 + t_2 = 5 + \frac{900}{1.5 \times 60} = 15 \text{ min}$$

$$q = 167i = 167 \times \frac{10}{(15+20)^{\frac{1}{2}}} = 282.3 \text{ L/(s·hm}^2)$$

所以,$Q = q\Psi F = 282.3 \times 0.35 \times 1000 \times 800 \times 10^{-4} = 7904.4 \text{ L/s} = 7.9 \text{ m}^3/\text{s}$

3.2.4　设计重现期 P 的确定

根据《室外排水设计标准》(GB50014—2021),雨水管渠的设计重现期,应根据汇水地区性质、城镇类型、地形特点和气候特征等因素,经技术经济比较后按表 3-5 的规定取值。

表 3-5 雨水管渠设计重现期　单位:年

城区类型	城镇类型			
	中心城区	非中心城区	中心城市的重要地区	中心城市地下通道和下沉式广场等
超大城市和特大城市	3～5	2～3	5～10	30～50
大城市	2～5	2～3	5～10	20～30
中等城市和小城市	2～3	2～3	3～5	10～20

说明:1.超大城市指区常住人口在 1000 万人以上的城市;特大城市指区常住人口在 500 万以上 1000 万以下的城市;大城市指城区人口在 100 万～500 万的城市;中等城市和小城市指城区人口在 50 万以上 100 万以下的城市。

2.人口密集、内涝易发且经济条件好的城镇,宜采用规定的上限。

3.同一排水系统可采用不同的设计重现期。

3.2.5 设计流量的确定

如图 3-6 所示,A、B、C 为 3 块互相毗邻的区域,设面积 $F_A=F_B=F_C$,雨水从各块面积上最远点分别流入设计断面 1#、2#、3# 所需的集水时间均为 $\tau(\min)$,求各管段雨水设计流量。并假设:

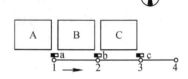

图 3-6　雨水管段设计流量计算

①汇水面积随降雨历时的增加而均匀增加;

②降雨历时 t 等于或大于汇水面积最远点的雨水流达设计断面的集水时间 τ;

③为讨论方便,假定径流系数 Ψ 值等于 1。

方法一:面积叠加法

1.管段 1-2 的设计流量

该管段汇集面积 F_A 的雨水,降雨开始时,只有雨水口 a 附近面积的雨水流至 1# 断面;随着降雨的进行,汇水面积增大,管段 1-2 的流量 Q 将随汇水面积 F_A 的增加而增大;当 $t=\tau$ 时,全面积 F_A 参与径流,管段 1-2 内流量达最大值。

若降雨继续下去,即 $t>\tau$ 时,由于面积已不能增加,而暴雨强度则随着降雨历时的增加而减小,则管段的流量会逐渐减少。

因此,管段 1-2 的设计流量应为:

$$Q_{1-2}=F_A \cdot q_1(\mathrm{L/s})$$

式中,q_1 为管段 1-2 的设计暴雨强度,即相应于降雨历时 $t=\tau$ 的暴雨强度(L/(s·hm²))。

2.管段 2-3 的设计流量

同上述,当 $t=\tau$ 时,F_B 全部面积和 F_A 部分面积的雨水流达 2# 断面,管段 2-3 的雨水流量不是最大。只有当 $t=\tau_1+t_{1-2}$ 时,这时 F_A 和 F_B 全部面积参与径流,管段 2-3 的流量达最大值,即:

$$Q_{2-3}=(F_A+F_B) \cdot q_2(\mathrm{L/s})$$

式中　q_2——管段 2-3 的设计暴雨强度,即相应于 $t=\tau+t_{1-2}$ 的暴雨强度,L/(s·hm²);

t_{1-2}——管段 1-2 的雨水流行时间,min。

3.管段 3-4 的设计流量

同理得到:

$$Q_{3-4}=(F_A+F_B+F_C) \cdot q_3(L/s)$$

式中　　q_3——管段 3-4 的设计暴雨强度,即相应于 $t=\tau+t_{1-2}+t_{2-3}$ 的暴雨强度,$L/(s \cdot hm^2)$;

t_{2-3}——管段 2-3 的雨水流行时间,min。

综上可知,管段的雨水设计流量等于该管段承担的全部汇水面积和设计暴雨强度的乘积,而设计暴雨强度是集水时间的函数,由于不同管段的集水时间不同,所以设计暴雨强度亦不相同。

此外,对任一设计管段,其流量的变化趋势为:先逐渐增大到设计流量,而后逐渐减小,即维持设计流量的时间是瞬时的;而且,当某一设计管段达到设计流量时,其他管段均未达到设计流量,尤其是上游管段。因此,可利用上游管段的空隙容积,起到一定调蓄并削减高峰流量的作用。

方法二:流量叠加法

各设计管段的雨水设计流量等于其上游管段转输流量加上本管段产生的流量之和,即流量叠加。

1.管段 1-2 的设计流量

分析、计算同面积叠加法。

2.管段 2-3 的设计流量

同样,只有当 $t=\tau+t_{1-2}$ 时,F_A 和 F_B 全面积参与径流,流量达最大值。F_B 面积上的流量为本段流量,直接汇到 2# 断面,因此,$t=\tau+t_{1-2}$ 时,数值为 $F_B \cdot q_2$。F_A 面积上的流量为转输流量,由于该流量在管段中流行时间为 t_{1-2},因此,$t=\tau+t_{1-2}$ 时刻到达 2# 断面的流量即为 $t=\tau$ 时刻到达 1# 断面的流量,数值为 $F_A q_1$;因此,管段 2-3 的流量为:

$$Q_{2-3}=F_A q_1+F_B q_2$$

式中符号含义同上。

与面积叠加法计算结果 $Q_{2-3}=(F_A+F_B)q_2$ 相比,由于暴雨强度随降雨历时而降低,故 q_1 大于 q_2,计算所得流量 $F_A \cdot q_1$ 大于 $F_A \cdot q_2$。因此,面积叠加法算法较简单,但计算结果偏小,设计管道偏不安全,一般用于雨水管渠的规划设计计算。

3.管段 3-4 的设计流量

同理得到:

$$Q_{3-4}=F_A q_1+F_B q_2+F_C q_3$$

式中符号含义同上。

这样,流量叠加法雨水设计流量公式的一般形式为:

$$Q_k = \sum_{i=1}^{k}(F_i \Psi_i q_i) \tag{3-12}$$

根据推理式(3-7)的假设可知,该公式适用于小规模排水系统的计算,大规模排水系统计算会产生较大误差。当汇水面积较大时,宜考虑降雨在时空分布的不均匀性和管网汇流过程。《室外排水设计标准》(GB50014—2021)提出,当汇水面积超过 2 km^2 时,雨水设计流量宜采用数学模型进行确定。

3.2.6　特殊情况设计流量的确定

由于雨水管渠的汇水面积较小,地形地貌较为一致,故可按暴雨强度在受雨面积上均匀分布的情况计算;且当降雨历时较短时,可近似地看做等强度的过程。因此,在一般情况下,按极限强度法计算雨水管渠的设计流量是合理的。

但当汇水面积的形状很不规则,即汇水面积呈畸形增长时(包括几个相距较远的独立区域雨水的交汇);汇水面积地形坡度变化较大或汇水面积各部分径流系数有显著差异时,管道的最大流量可能并非发生在全部面积参与径流时,而发生在部分面积参与径流时。在设计中也应注意这种特殊情况。

【例 3 - 3】　有一条雨水干管接受两个独立排水流域的雨水径流,如图 3 - 7 所示。图中 F_A 为城市中心区汇水面积,F_B 为城市近郊工业区汇水面积,试求 B 点的设计流量 Q 是多少?

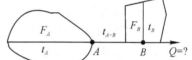

图 3 - 7　两个独立排水面积雨水汇流示意图

已知:(1)$P=2a$ 时暴雨强度公式为 $q=\dfrac{1750}{(t+5)^{0.65}}(\mathrm{L/(s \cdot hm^2)})$;

(2)径流系数 $\Psi=0.6$;

(3)$F_A=20\ \mathrm{hm^2}$,$t_A=20\ \mathrm{min}$;$F_B=15\ \mathrm{hm^2}$,$t_B=15\ \mathrm{min}$;雨水在管段 $A-B$ 中的流行时间 $t_{A-B}=5\ \mathrm{min}$。

【解】　F_A 面积上的最大流量到达 B 点的集水时间为 $t_A+t_{A-B}=25\ \mathrm{min}$,$F_B$ 面积上的最大流量到达 B 点的集水时间为 $t_B=15\ \mathrm{min}$。如果 $t_A+t_{A-B}=t_B$,则 B 点的最大流量 $Q=Q_A+Q_B$。但 $t_A+t_{A-B}>t_B$,故 B 点的最大流量可能发生在 F_A 面积或 F_B 面积单独出现最大流量时。

根据已知条件,F_A 面积上产生的最大流量:

$$Q_A=\Psi q F_A=0.6 \times \frac{1750}{(20+5)^{0.65}} \times 20=2591.5\ (\mathrm{L/s})$$

F_B 面积上的最大流量:

$$Q_B=\Psi q F_B=0.6 \times \frac{1750}{(15+5)^{0.65}} \times 15=2247.0\ (\mathrm{L/s})$$

(1)第一种情况:最大流量可能发生在 F_B 全部面积参与径流时,即 $t=15\ \mathrm{min}$ 时。由于 $t_{A-B}=5\ \mathrm{min}$,因此,15 min 时 F_A 流达 B 点的流量即为 10 min 时 A 点的流量,此时,F_A 仅部分面积参与径流。因此,15 min 时 B 点的流量为

$$Q=2247.0+0.6 \times \frac{1750}{(15-5+5)^{0.65}} \times F'_A$$

式中,F'_A 为 10 min 时 A 点的汇水面积,假设汇水面积随时间均匀增加,所以:

$$F'_A=\frac{F_A}{t_A} \times 10=\frac{20}{20} \times 10=10\ (\mathrm{hm^2})$$

代入上式得出:

$$Q=2247.0+0.6 \times \frac{1750}{15^{0.65}} \times 10=4053.1\ (\mathrm{L/s})$$

(2)第二种情况:最大流量可能发生在 F_A 全部面积参与径流时,即 $t=20+5=25\ \mathrm{min}$ 时。

此时，F_A 上的最大流量到达 B 点，但 F_B 的最大流量已流过 B 点，B 点的最大流量为

$$Q = 2591.5 + 0.6 \times \frac{1750}{(25+5)^{0.65}} \times 15 = 4317.9 \text{ (L/s)}$$

比较两种情况的计算结果，选择大流量 $Q = 4317.9$ L/s 作为设计流量。

3.3　雨水管渠系统的设计和计算

3.3.1　水力参数的设计依据

为使雨水管渠正常工作，避免发生淤积、冲刷等现象，对雨水管渠水力计算的基本参数作如下的一些技术规定：

1.设计充满度

雨水管渠的充满度按满管流设计，即 $h/D = 1$。明渠则应有不小于 0.2 m 的超高，街道边沟应有不小于 0.03 m 的超高。

雨水管渠的充满度按满管流设计的原因为：雨水较污水清洁得多，对环境的污染较小；较高重现期对应暴雨强度的降雨历时一般不会很长；某一管段达到设计流量时，其上游管段存在空隙容积可调蓄一定的流量。

2.设计流速

雨水中夹带的泥沙量比污水大得多，为了避免泥沙等无机物沉积而堵塞管渠，雨水管渠的最小设计流速大于污水管道。雨水管和合流制管道满管流的最小设计流速为 0.75 m/s。明渠因便于清除疏通，最小流速为 0.4 m/s。设计流速不满足最小设计流速时，应增设防淤积或清淤措施。

为了防止管壁受冲刷而损坏，雨水管道的最大设计流速为：金属管 10 m/s，非金属管 5 m/s，明渠最大设计流速见表 3-6。

表 3-6　明渠最大设计流速

明渠类别	最大设计流速 $v/(\text{m} \cdot \text{s}^{-1})$	明渠类别	最大设计流速 $v/(\text{m} \cdot \text{s}^{-1})$
粗砂或低塑性粉质黏土	0.8	草皮护面	1.6
粉质黏土	1.0	干砌块石	2.0
黏土	1.2	浆砌块石或浆砌砖	3.0
石灰岩或中砂岩	4.0	混凝土	4.0

注：1.表中数据适用于明渠水深为 $h = 0.4 \sim 1.0$ m 范围内。

2.如 h 在 0.4～1.0 m 范围以外时，本表规定的最大流速应乘以下系数：

$h < 0.4$ m，系数 0.85；2.0 m$>h>$1.0 m，系数 1.25；$h \geqslant 2.0$ m，系数 1.40。

3.最小管径和最小坡度

街道下，雨水管道最小管径为 300 mm，相应的最小坡度为 0.003；雨水口连接管最小管径一般采用 200 mm，相应的最小坡度为 0.01。

4.最小埋深和最大埋深同污水管道。

3.3.2　水力计算方法

雨水管渠水力计算仍按均匀流考虑,其水力计算公式与污水管道相同。在实际计算中,通常采用根据公式制成的水力计算图(见附录 3-2)或水力计算表(见表 3-7)。

表 3-7　钢筋混凝土圆管水力计算表 　　　($D=300$ mm,$n=0.013$)

$I/\text{‰}$	$v/(\text{m}\cdot\text{s}^{-1})$	$Q/(\text{L}\cdot\text{s}^{-1})$	$I/\text{‰}$	$v/(\text{m}\cdot\text{s}^{-1})$	$Q/(\text{L}\cdot\text{s}^{-1})$	$I/\text{‰}$	$v/(\text{m}\cdot\text{s}^{-1})$	$Q/(\text{L}\cdot\text{s}^{-1})$
0.6	0.335	23.68	4.9	0.958	67.72	9.2	1.312	92.75
0.7	0.362	25.59	5.0	0.967	68.36	9.3	1.319	93.24
0.8	0.387	27.36	5.1	0.977	69.06	9.4	1.326	93.73
0.9	0.410	28.98	5.2	0.987	69.77	9.5	1.333	94.23
1.0	0.433	30.61	5.3	0.996	70.41	9.6	1.340	94.72
1.1	0.454	32.09	5.4	1.005	71.04	9.7	1.347	95.22
1.2	0.474	33.51	5.5	1.015	71.75	9.8	1.354	95.71
1.3	0.493	34.85	5.6	1.024	72.39	9.9	1.361	96.21
1.4	0.512	36.19	5.7	1.033	73.02	10.0	1.368	96.70
1.5	0.530	37.47	5.8	1.042	73.66	11	1.435	101.44
1.6	0.547	38.67	5.9	1.051	74.30	12	1.499	105.96
1.7	0.564	39.87	6.0	1.060	74.93	13	1.560	110.28
1.8	0.580	41.00	6.1	1.068	75.50	14	1.619	114.45
1.9	0.596	42.13	6.2	1.077	76.13	15	1.675	118.41
2.0	0.612	43.26	6.3	1.086	76.77	16	1.730	122.29
2.1	0.627	44.32	6.4	1.094	77.33	17	1.784	126.11
2.2	0.642	45.38	6.5	1.103	77.97	18	1.835	129.72
2.3	0.656	46.37	6.6	1.111	78.54	19	1.886	133.32
2.4	0.670	47.36	6.7	1.120	79.17	20	1.935	136.79
2.5	0.684	48.35	6.8	1.128	79.74	21	1.982	140.11
2.6	0.698	49.34	6.9	1.136	80.30	22	2.029	143.43
2.7	0.711	50.26	7.0	1.145	80.94	23	2.075	146.68
2.8	0.724	51.18	7.1	1.153	81.51	24	2.119	149.79
2.9	0.737	52.10	7.2	1.161	82.07	25	2.163	152.90
3.0	0.749	52.95	7.3	1.169	82.64	26	2.206	155.94
3.1	0.762	53.87	7.4	1.177	83.20	27	2.248	158.01
3.2	0.774	54.71	7.5	1.185	88.77	28	2.289	161.81
3.3	0.786	55.56	7.6	1.193	84.33	29	2.330	164.71
3.4	0.798	56.41	7.7	1.200	84.88	30	2.370	167.54
3.5	0.809	57.19	7.8	1.208	85.39	35	2.559	180.90
3.6	0.821	58.04	7.9	1.216	85.96	40	2.736	193.41
3.7	0.832	58.81	8.0	1.224	86.52	45	2.902	205.14
3.8	0.843	59.59	8.1	1.231	87.02	50	3.059	216.24

续表

$I/\text{‰}$	$v/(\text{m} \cdot \text{s}^{-1})$	$Q/(\text{L} \cdot \text{s}^{-1})$	$I/\text{‰}$	$v/(\text{m} \cdot \text{s}^{-1})$	$Q/(\text{L} \cdot \text{s}^{-1})$	$I/\text{‰}$	$v/(\text{m} \cdot \text{s}^{-1})$	$Q/(\text{L} \cdot \text{s}^{-1})$
3.9	0.854	60.37	8.2	1.239	87.58	55	3.208	226.77
4.0	0.865	61.15	8.3	1.246	88.08	60	3.351	236.88
4.1	0.876	61.92	8.4	1.254	88.65	65	3.488	246.57
4.2	0.887	62.70	8.5	1.261	89.14	70	3.619	255.83
4.3	0.897	63.41	8.6	1.269	89.71	75	3.747	264.88
4.4	0.907	64.12	8.7	1.276	90.20	80	3.869	273.50
4.5	0.918	64.89	8.8	1.283	90.70	85	3.988	281.91
4.6	0.928	66.60	8.9	1.291	91.26	90	4.104	290.11
4.7	0.938	66.31	9.0	1.298	91.76	95	4.217	298.10
4.8	0.948	67.01	9.1	1.305	92.25	100	4.326	305.80

在工程设计中,通常在选定管材之后,n 即为已知数值。而设计流量 Q 也是经计算后求得的已知数。所以只剩下 D、v 及 I 共 3 个未知数。

这样,在实际应用中,就可以参照地面坡度 i,假定管底坡度 I,从水力计算图或表中求得 D 及 v 值,并使求得的 D、v、I 数值符合相关技术规定。

【例 3 - 4】　已知:$n = 0.013$,设计流量经计算为 $Q = 200$ L/s,该管段地面坡度为 $i = 0.004$,试计算该管段的管径 D、管道坡度 I 及流速 v。

【解】　设计采用 $n = 0.013$ 的水力计算图,如图 3 - 8 所示。

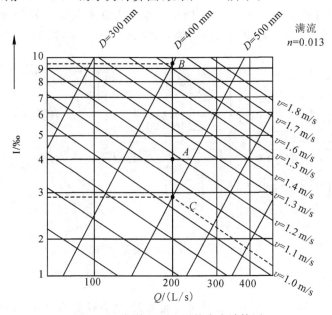

图 3 - 8　钢筋混凝土圆管水力计算图

先在横坐标轴上找到 $Q = 200$ L/s 值,作竖线;在纵坐标轴上找到 $I = 0.004$ 值,作横线。将此两线相交于 A 点,找出该点所在的 v 及 D 值,得到 $v = 1.17$ m/s,符合设计参数的规定;

而 D 值则界于 $D=400$ mm，$D=500$ mm 两斜线之间，显然不符合管材统一规格的规定，因此管径 D 必须进行调整。

设采用 $D=400$ mm 时，则将 $Q=200$ L/s 的竖线与 $D=400$ mm 的斜线相交于 B 点，从图中得出交点处的 $I=0.0092$ 及 $v=1.60$ m/s。流速 v 符合参数要求，而 I 与地面坡度相差很大，势必增大管道的埋深，不宜采用。

若采用 $D=500$ mm 时，则将 $Q=200$ L/s 的竖线与 $D=500$ mm 的斜线相交于 C 点，从图中得出交点处的 $I=0.0028$ 及 $v=1.02$ m/s。此结果合适，故决定采用。

3.3.3 设计计算步骤

1.划分排水流域和管渠定线

根据区域总体规划，并结合地形的分水线，以及铁路、公路、河道等对排水管道的影响情况，划分排水流域，进行管渠定线，确定排水流向。

2.划分设计管段

根据管道的具体位置，在转弯处、管径或坡度改变处、有支管接入处或两条以上管道交汇处，以及超过一定距离的直线管段上都应设置检查井。两个检查井之间流量没有变化且预计管径和坡度也没有变化的管段定为设计管段。并从管段上游往下游按顺序进行设计管段和节点的编号。

3.划分各设计管段的汇水面积

各设计管段汇水面积的划分应结合地形坡度、汇水面积的大小，以及雨水管道布置等情况而划定。当地形平坦时，则根据就近排除的原则，把汇水面积按周围管渠的布置用等分角线划分（见图 3-9）。当有适宜的地形坡度时，则按雨水汇入低侧的原则划分，按地面雨水径流的水流方向划分汇水面积，并将每块面积进行编号，计算其面积，并在图中注明。

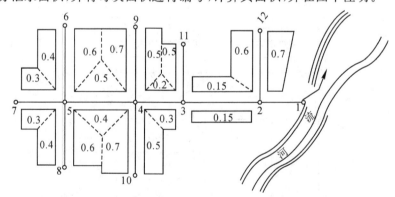

图 3-9 等分角线划分汇水面积

4.确定设计参数

需要确定的设计参数主要包括：暴雨的重现期 P、地面径流系数 Ψ 和集水时间 t。

通常根据排水流域内各类地面的面积或所占比例，计算径流系数；或根据规划的地区类别采用区域综合径流系数。

结合设计区域所在城市的规模、地形特点、建筑性质和气候特征等因素选择设计重现期。

根据建筑物的密度情况、地形坡度和地面覆盖种类、街坊内是否设置雨水暗管等因素确定地面集水时间。

5.设计流量与水力计算

选择所在区域的暴雨强度公式,根据所确定的径流系数、地面积水时间和汇水面积计算起始管段的设计流量,并穿插进行水力计算,确定各管段的管径、坡度、流速和管道埋深等参数,按自上游向下游的顺序依次进行。

6.绘制平面图及纵剖面图

3.3.4　设计计算案例

图 3-10 为汉中某街区平面图,地形西高东低,东侧有一条自南向北流的河流,该地暴雨强度公式为 $q=\dfrac{434(1+1.04\lg P)}{(t+4)^{0.518}}$ (L/(s·hm²))。要求布置雨水管道并进行干管的水力计算。

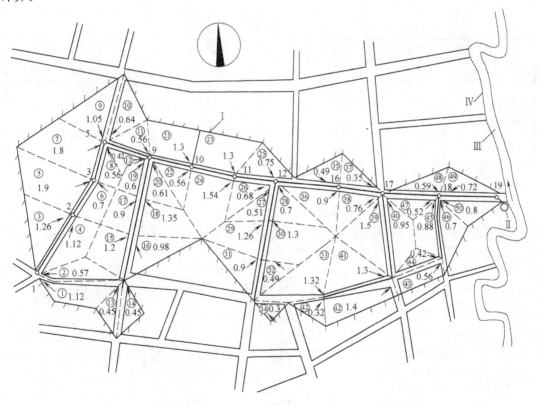

(注：图中圆圈内数字为汇水面积编号；其旁数字为面积数值,以hm²计。)

Ⅰ—排水分界线；　Ⅱ—雨水泵站；　Ⅲ—河流；　Ⅳ—河堤岸。

图 3-10　汉中某街区雨水管道布置图

相关资料显示,该地区地形平坦,无明显分水线,故排水流域按城市主要街道的汇水面积划分,具体分界线如图 3-10 所示。地形坡度与河流的位置决定了出水口位于东侧的河岸边,故雨水干管的走向为自西向东。考虑到河流的洪水位高于该地区地面平均标高,造成雨水在洪水位时不能靠重力排入河流,因此在干管的终端设置雨水泵站。

根据管道的具体位置,划分设计管段,将设计管段的检查井依次编上号码,各检查井的地面标高见表 3-8。每一设计管段的长度在 200 m 以内为宜,各设计管段的长度见表 3-9。每一设计管段所承担的汇水面积按就近排入的原则划分。将每块汇水面积的编号、面积、雨水流向标注在图中(见图 3-10)。表 3-10 为各设计管段的汇水面积计算表。

表 3-8 地面标高表

检查井编号	地面标高/m	检查井编号	地面标高/m
1	714.03	11	713.60
2	714.06	12	713.60
3	714.06	16	713.58
5	714.04	17	713.57
9	713.60	18	713.57
10	713.60	19	713.55

表 3-9 管道长度表

管道编号	管道长度 l/m	管道编号	管道长度 l/m
1-2	150	11-12	120
2-3	100	12-16	150
3-5	100	16-17	120
5-9	140	17-18	150
9-10	100	18-19	150
10-11	100		

表 3-10 汇水面积计算表

设计管段编号	本段汇水面积编号	本段汇水面积 F_1/hm²	转输汇水面积 F_2/hm²	总汇水面积 F/hm²
1-2	1、2	1.69	0	1.69
2-3	3、4	2.38	1.69	4.07
3-5	5、6	2.60	4.07	6.67
5-9	7~10	4.05	6.67	10.72
9-10	11~20	7.52	10.72	18.24
10-11	21、22	1.86	18.24	20.10
11-12	23、24	2.84	20.10	22.94
12-16	25~32、34	6.89	22.94	29.83
16-17	35、36	1.39	29.83	31.22
17-18	33、37~42	7.90	31.22	39.12
18-19	43~50	5.19	39.12	44.31

区域内建筑分布情况差异不大,可采用统一的径流系数值,经计算 $\Psi = 0.50$;区域内地形平坦,建筑密度较稀,地面集水时间采用 $t_1 = 10$ min;根据设计区域地形特点、功能和位置,设

计重现期选用 $P=2a$。管道起点埋深根据支管的接入标高等条件,采用 1.25 m。列表进行干管的水力计算。

1.面积叠加法水力计算说明(见表 3-11)

(1)表 3-11 中第 1 项为需要计算的设计管段,从上游至下游依次写出。其中,第 2 项(管长)、3 项(汇水面积)、13 项(设计起点地面标高)和 14 项(设计终点地面标高)分别从表 3-9、表 3-10、表 3-8 和表 3-8 中取得。其余各项经计算后得到。

(2)计算中假定管段的设计流量均从管段的起点进入,即各管段的起点为设计断面。因此,各管段的设计流量是按该管段起点,即上游管段终点的设计降雨历时(集水时间)进行计算的。也就是说在计算各设计管段的暴雨强度时,用的 t_2 值应按上游各管段的管内雨水流行时间之和 $\sum t_2 = \sum l/v$ 求得。如管段 1-2,是起始管段,故 $\sum t_2 = 0$,将此值列入表 3-11 中第 4 项。

(3)根据确定的设计参数、求单位面积径流量 q_0。

$$q_0 = \Psi q = 0.5 \times \frac{434 \times (1+1.04\lg2)}{(14+\sum t_2)^{0.518}} = \frac{284.94}{(14+\sum t_2)^{0.518}} \; (\text{L}/(\text{s} \cdot \text{hm}^2))$$

q_0 为管内雨水流行时间 $\sum t_2$ 的函数,只要知道各设计管段内雨水流行时间 $\sum t_2$,即可求出该设计管段的单位面积径流量 q_0。如管段 1-2 的 $\sum t_2 = 0$,代入上式得 $q_0 = \frac{284.94}{14^{0.518}} = 72.62(\text{L}/(\text{s} \cdot \text{hm}^2))$。而管段 5-9 的 $\sum t_2 = t_{1-2} + t_{2-3} + t_{3-5} = 3.24 + 1.77 + 1.55 = 6.56$ min,代入 $q_0 = \frac{284.94}{(14+6.56)^{0.518}} = 59.51 \; (\text{L}/(\text{s} \cdot \text{hm}^2))$。将 q_0 列入表 3-11 中第 6 项。

(4)用各设计管段的单位面积径流量乘以该管段的总汇水面积得设计流量。如管段 1-2 设计流量 $Q = 72.62 \times 1.69 = 122.73$ L/s,列入表 3-11 中第 7 项。

(5)在求得设计流量后,即可进行水力计算,求管径、管道坡度和流速,查钢筋混凝土圆管(满管流,$n=0.013$)水力计算表时,Q、v、I、D 4 个水力因素可以相互适当调整,使计算结果既符合规范,又经济合理。本例地面坡度较小,甚至地面坡向与管道坡向正好相反,为不使管道埋深增加过多,管道坡度宜取小值。但所取坡度应能使管内水流满足最小设计流速的要求。

将确定的管径、坡度、流速各值列入表 3-11 中第 8、9、10 项。第 11 项管道的输水能力 Q' 是指在水力计算中管段在确定的管径、坡度、流速的条件下,实际通过的流量,该值等于或略大于设计流量 Q。

(6)根据设计管段的设计流速求本管段的管内雨水流行时间 t_2。例如管段 1-2 的管内雨水水流行时间 $t_2 = \frac{l_{1-2}}{v_{1-2}} = \frac{150}{0.772 \times 60} = 3.24$ min,填入表 3-11 中第 5 项。$\sum t_2$ 值则是上游管段中雨水流行时间的总和。

(7)管段长度乘以管道坡度得到该管段起点与终点之间的高差,即降落量。如管段 1-2 的降落量 $Il = 0.00185 \times 150 = 0.278$ m,列入表 3-11 中 12 项。

(8)根据当地冻土层厚度、雨水管道衔接及承受荷载的要求,确定管道起点的埋深或管底标高。本例起点埋深定为 1.25 m,将该值列入表 3-11 中第 17 项。用起点地面标高减去该点管道埋深得到该点管底标高,即 714.030 - 1.25 = 712.780 m。列入表 3-11 中第 15 项。用该值减去 1-2 管段的坡降得到终点 2 的管底标高,即 712.780 - 0.278 = 712.502 m,列入表

表 3-11　雨水干管水力计算表（面积叠加法）

设计管段编号	管长 l /mm	汇水面积 F /hm²	管内雨水流行时间 /min $\sum t_2 = \sum l/v$	$t_2 = l/v$	单位面积径流量 q_0 /(L·(s·hm²)⁻¹)	设计流量 Q /(L·s⁻¹)	管径 D/mm	管道坡度 I	流速 v /(m/s)	管道输水能力 Q' /(L·s⁻¹)	坡降 Il /m	设计地面标高 /m 起点	设计地面标高 /m 终点	设计管内底标高 /m 起点	设计管内底标高 /m 终点	埋深/m 起点	埋深/m 终点
1	2	3	4	5	6	7	8	9	10	11	12	13	14	15	16	17	18
1-2	150	1.69	0	3.24	72.62	122.73	450	0.00185	0.772	122.73	0.278	714.030	714.060	712.780	712.502	1.250	1.558
2-3	100	4.07	3.24	1.77	65.20	265.36	600	0.00187	0.939	265.36	0.187	714.060	714.060	712.353	712.166	1.707	1.894
3-5	100	6.67	5.01	1.55	61.97	413.35	700	0.00199	1.074	413.35	0.199	714.060	714.060	712.066	711.867	1.995	2.193
5-9	140	10.72	6.56	1.84	59.51	637.96	800	0.00233	1.269	637.96	0.326	714.060	713.600	711.767	711.440	2.293	2.160
9-10	100	18.24	8.40	1.26	56.93	1038.38	1000	0.00188	1.322	1038.38	0.188	713.600	713.600	711.240	711.052	2.360	2.548
10-11	100	20.10	9.66	1.18	55.34	1112.26	1000	0.00215	1.416	1112.26	0.215	713.600	713.600	711.052	710.837	2.548	2.763
11-12	120	22.94	10.84	1.41	53.96	1237.89	1100	0.00190	1.418	1347.57	0.228	713.600	713.600	710.737	710.509	2.863	3.091
12-16	150	29.83	12.25	1.76	52.44	1564.29	1200	0.00170	1.421	1607.11	0.255	713.600	713.580	710.409	710.154	3.191	3.426
16-17	120	31.22	14.01	1.40	50.71	1583.07	1200	0.00170	1.421	1607.11	0.204	713.580	713.570	710.154	709.950	3.426	3.620
17-18	150	39.12	15.41	1.72	49.44	1933.91	1300	0.00161	1.457	1933.91	0.242	713.570	713.570	709.850	709.609	3.720	3.961
18-19	150	44.31	17.13	1.56	48.00	2127.08	1300	0.00193	1.603	2127.08	0.290	713.570	713.550	709.609	709.319	3.961	4.231

3-11 中第 16 项。用 2 点的地面标高减去该点的管底标高得该点的埋设深度,即 714.060－
712.502＝1.558 m,列入表 3-11 中第 18 项。

雨水管道各设计管段在高程上采用管顶平接。

(9)在划分各设计管段的汇水面积时,应尽可能使各设计管段的汇水面积均匀增加,否则
会出现下游管段的设计流量小于上一管段设计流量的情况。若出现这种情况,应取上游管段
的流量作为下游管段的设计流量。

(10)本例只进行了干管的水力计算,实际上在设计中,干管与支管是同时进行计算的。在
支管与干管相接的检查井处,必然会有 2 个 $\sum t_2$ 值和 2 个管底标高值,相交后下游管段计算
时,管底标高采用小值,$\sum t_2$ 应通过对比采用大设计流量所对应的值。

2.流量叠加法水力计算说明(见表 3-12)

流量叠加与面积叠加的计算程序基本相同,但流量叠加法计算雨水设计流量,须逐段计算
叠加,过程较繁复,因其所得的设计流量比面积叠加法大,偏于安全,一般用于雨水管渠的工程
设计计算。两种方法有以下不同点:

(1)汇水面积:每一个计算管段汇水面积的取值,面积叠加采用的是该段之前所有管段汇
水面积的累加值,作为该段的汇水面积,见表 3-11 中第 3 项;而流量叠加水力计算法,本管段
的汇水面积作为汇水面积,见表 3-12 中第 3 项。

(2)设计流量:面积叠加法计算设计流量(表 3-11 中第 7 项)为第 3 项汇水面积与第 6 项
单位面积径流量相乘获得;而流量叠加法计算设计流量(表 3-12 中第 8 项)为本段设计流量
(表 3-12 中第 7 项)与上游管段转输的设计流量相加获得。

3.4　排洪沟的设计与计算

3.4.1　概述

我国大部分地区江河水系密布,在平原地区和山区沿江(河)两岸逐渐形成了规模大小不
等的沿江(河)城市和沿江(河)山地城市。沿江(河)的城市,易受河洪的威胁;而沿江(河)山地
城市,除河洪外,还将受到山洪的威胁。防洪工程的内容很多,涉及面广,本节只针对位于山坡
或山脚下的工厂和城镇,概略介绍排洪沟的设计与计算。

由于山区地形坡度大,集水时间短,所以水流急,流势猛,且水流中还夹带着砂石等杂质,
冲刷力大,容易使山坡下的工厂和城镇受到破坏而造成严重损失。因此,必须在受山洪威胁的
外围设置排洪沟,其任务在于开沟引洪,整治河沟,修建构筑物等,以保护山坡下的工厂和城镇
免受山洪的威胁。

3.4.2　设计防洪标准

为了准确、合理地拟定某项工程规模,需要根据该工程的性质、范围以及重要性等因素,选定
某一频率作为计算洪峰流量的标准,称为防洪设计标准。进行防洪工程设计时,首先要确定防洪
标准:重现期越大,则设计标准就越高,工程规模也就越大;反之,设计标准低,工程规模小。

根据我国现有山洪防治标准及工程运行情况,山洪防治标准见表 3-13。

表 3 - 12　雨水干管水力计算表（流量叠加法）

设计管段编号	管长 l/mm	汇水面积 F/hm²	管内雨水流行时间/min $\sum t_2=\sum l/v$	管内雨水流行时间/min $t_2=l/v$	单位面积径流量 q_0/(L·(s·hm²)⁻¹)	本段流量 Q_0/(L·s⁻¹)	设计流量 Q/(L·s⁻¹)	管径 D/mm	管道坡度 I	流速 v/(m/s)	管道输水能力 Q'/(L·s⁻¹)	坡降 Il/m	设计地面标高/m 起点	设计地面标高/m 终点	设计管内底标高/m 起点	设计管内底标高/m 终点	埋深/m 起点	埋深/m 终点
1	2	3	4	5	6	7	8	9	10	11	12	13	14	15	16	17	18	19
1 - 2	150	1.69	0	3.24	72.62	122.73	122.73	450	0.00185	0.772	122.73	0.278	714.030	714.060	712.780	712.503	1.250	1.558
2 - 3	100	2.38	3.24	1.69	65.21	155.20	277.92	600	0.00205	0.983	277.92	0.205	714.060	714.060	712.353	712.148	1.707	1.913
3 - 5	100	2.60	4.93	1.46	62.12	161.50	439.43	700	0.00225	1.142	439.43	0.225	714.060	714.060	712.048	711.823	2.013	2.238
5 - 9	140	4.05	6.39	1.99	59.77	242.08	681.50	900	0.00170	1.173	746.23	0.238	714.060	713.600	711.623	711.385	2.438	2.216
9 - 10	100	7.52	8.38	1.42	56.96	428.33	1109.84	1100	0.00130	1.173	1114.74	0.13	713.600	713.600	711.185	711.055	2.416	2.546
10 - 11	100	1.86	9.80	1.31	55.17	102.62	1212.46	1100	0.00154	1.276	1212.46	0.154	713.600	713.600	711.055	710.901	2.546	2.700
11 - 12	120	2.84	11.11	1.39	53.67	152.41	1364.87	1100	0.00195	1.436	1364.87	0.234	713.600	713.600	710.901	710.667	2.700	2.934
12 - 16	150	6.89	12.50	1.64	52.19	359.56	1724.43	1200	0.00196	1.525	1724.43	0.294	713.600	713.580	710.567	710.273	3.034	3.308
16 - 17	120	1.39	14.14	1.30	50.59	70.32	1794.75	1250	0.0019	1.544	1894.77	0.228	713.580	713.570	710.223	709.995	3.358	3.576
17 - 18	150	7.9	15.44	1.52	49.42	390.44	2185.19	1300	0.00205	1.646	2185.19	0.3075	713.570	713.570	709.945	709.637	3.626	3.933
18 - 19	150	5.19	16.96	1.76	48.15	249.91	2435.09	1350	0.00208	1.421	2435.09	0.312	713.570	713.550	709.587	709.275	3.983	4.275

表 3-13　山洪防治标准

工程等别	防护对象	防洪标准	
		频率 $P_N/\%$	重现期 P/a
二	大型工业企业、重要中型工业企业	2～1	50～100
三	中小型工业企业	5～2	20～50
四	工业企业生活区	10～5	10～20

根据我国城市防洪工程的特点和防洪工程运行的实践,城市防洪标准见表 3-14。

表 3-14　城市防洪标准

工程等别	保护对象			防洪标准	
	城市等级	人口/万人	重要性	频率 $P_N/\%$	重现期 P/a
一	大城市重要城市	>50	重要的政治、经济、国防中心及交通枢纽,特别重要的大型工业企业	<1	>100
二	中等城市	20～50	比较重要的政治、经济中心,大型工业企业,重要中型工业企业	2～1	50～100
三	小城市	<20	一般性小城市、中小型工业企业	5～2	20～50

3.4.3　设计洪峰流量的确定

一般情况下,排洪沟所需的设计洪水往往用实测暴雨资料间接推求。并假定暴雨与其所形成的洪水流量同频率。目前,我国推求小汇水面积的山洪洪峰流量一般包括洪水调查法、推理公式法和经验公式法 3 种方法。

1.洪水调查法

通过深入现场,勘察洪水位的痕迹,推导它发生的频率,选择和测量河槽断面,按公式 $v=\frac{1}{n}R^{\frac{2}{3}}I^{\frac{1}{2}}$ 计算流速,然后按公式 $Q=Av$ 计算出调查的洪峰流量。式中 n 为河槽的粗糙系数;R 为水力半径;I 为水面比降,可用河底平均坡降代替。最后通过流量变差系数和模比系数法,将调查得到的某一频率的流量换算成设计频率的洪峰流量。

2.推理公式法

具有代表性的推理公式为水科院水文研究所的公式,形式为:

$$Q=0.278\times\frac{\Psi\cdot S}{\tau^n}\cdot F \qquad (3-13)$$

式中　Q——设计洪峰流量,m^3/s;

　　　　Ψ——洪峰径流系数;

S——暴雨雨力,即与设计重现期相应的最大的一小时降雨量,mm/h;

τ——流域的集流时间,h;

n——暴雨强度衰减指数;

F——流域面积,km²。

用这种推理公式求设计洪峰流量时,需要较多的基础资料,计算过程也较繁琐。当流域面积为 $40\sim50$ km²时,此公式的适用效果最好。

3.经验公式法

应用最普遍的是以流域面积 F 为参数的一般地区性经验公式:

$$Q=K \cdot F^n \tag{3-14}$$

式中　　Q——设计洪峰流量,m³/s;

F——流域面积,km²;

K,n——随地区及洪水频率而变化的系数和指数。

该方法使用方便、计算简单,但地区性很强,相邻地区采用时,必须注意各地区的具体条件的一致性。

3.4.4　排洪沟的设计要点

1.排洪沟布置应与总体规划密切配合,统一考虑

根据总体规划,布置在厂区、居住区外围靠山坡一侧,并避免把建筑设在山洪口上,以免与洪水主流顶冲。

排洪沟布置还应与铁路、公路、排水等工程相协调,尽量避免穿越铁路、公路,以避免交叉和穿绕建筑物;与建筑物之间应留有 3 m 以上的距离,以防止冲刷建筑物基础。

2.尽可能利用原有山洪沟,必要时作适当整修

原有山洪沟是经过若干年冲刷而成的,其形状、底板都比较稳定,应尽量利用。当原有沟不能满足设计要求时,应加以整修,因势利导,畅通下泄。

3.排洪沟采用明渠或暗渠应视具体条件确定

最好采用明渠,但当排洪沟通过市区或厂区时,因建筑密度高、交通量大,应采用暗渠。

4.排洪明渠平面布置的基本要求

(1)进口、出口段。为防止洪水冲刷,进口段和出口段应选择在地形和地质条件良好的地段,并采取护砌措施。

进口段的长度一般不小于 3 m。出口段宜设置渐变段,以降低流速;或采用消能、加固等措施。出口标高宜在设计重现期的河流洪水位以上。

(2)连接段。

①因地形受限无法布置成直线时,应保证转弯处有良好的水流条件,弯曲半径一般不应小于 $5\sim10$ 倍的设计水面宽度。

②宽度发生变化时,应设渐变段。渐变段的长度为两段沟底宽度之差的 $5\sim10$ 倍。

③穿越道路一般应设桥涵,在含砂量较大地区,为避免堵塞,最好采用单孔小桥。

5.排洪沟纵坡的确定

应根据地形、地质、护砌、原有排洪沟坡度,以及冲淤情况等条件确定,一般不小于1‰,以防淤积。当纵坡很大时,可设置跌水或陡槽,但不得设在转弯处。一次跌水高度通常为 0.2～1.5 m。

6.排洪沟的断面形式、材料及其选择

常用矩形或梯形断面,最小断面 $B \times H = 0.4$ m×0.4 m,排洪沟的材料及加固形式应根据沟内最大流速、当地地形及地质条件、当地材料供应情况确定。一般常用片石、块石铺砌。图 3-11 为常用排洪明渠断面及其加固形式。

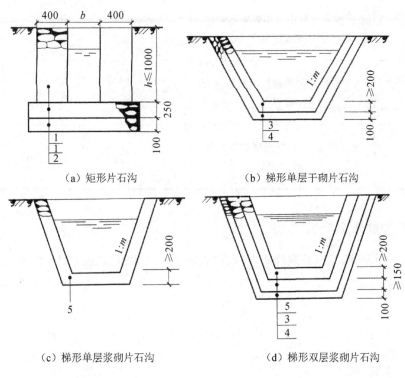

（a）矩形片石沟　　　　　　　　（b）梯形单层干砌片石沟

（c）梯形单层浆砌片石沟　　　　　（d）梯形双层浆砌片石沟

1—M5砂浆砌块石；2—三七灰土或碎（卵）石层；
3—单层干砌片石；4—碎石垫层；5—M5水泥砂浆砌片（卵）石。

图 3-11　常用排洪明渠断面及其加固形式

7.排洪沟最大流速的规定

为防止冲刷,应选用不同铺砌的加固形式加强沟底沟壁。表 3-15 为不同铺砌的排洪沟的最大设计流速的规定。

表 3-15　常用铺砌及防护渠道的最大设计流速

序号	铺砌及防护类型	平均水深 h/m			
		0.4	1	2	3
		平均流速 v/(m/s)			
1	单层铺石(石块尺寸 15 cm)	2.5	3	3.5	3.8
2	单层铺石(石块尺寸 20 cm)	2.9	3.5	4	4.3
3	双层铺石(石块尺寸 15 cm)	3.1	3.7	4.3	4.6

序号	铺砌及防护类型	平均水深 h/m			
		0.4	1	2	3
		平均流速 v/(m/s)			
4	双层铺石(石块尺寸 20 cm)	3.6	4.3	5	5.4
5	水泥砂浆砌软弱沉积岩块石砌体，石材强度等级不低于 MU10	2.9	3.5	4	4.4
6	水泥砂浆砌中等强度沉积岩块石砌体	5.8	7	8.1	8.7
7	水泥砂浆砌,石材强度等级不低于 MU15	7.1	8.5	9.8	11

3.4.5 排洪沟的水力计算方法

按式(2-12)和式(2-13)进行水力计算,式中过水断面积 A 和湿周 χ 的求法为:

梯形断面:

$$A = Bh + m h^2 \tag{3-15}$$

$$\chi = B + 2h \sqrt{1+m^2} \tag{3-16}$$

式中　h——水深,m;

　　　B——底宽,m;

　　　m——沟侧边坡水平宽度与深度之比。

矩形断面:

$$A = Bh \tag{3-17}$$

$$\chi = 2h + B \tag{3-18}$$

进行排洪沟道水力计算时,常遇到下述情况:

(1)已知设计流量,渠底坡度,确定渠道断面。

(2)已知设计流量或流速,渠道断面及粗糙系数,求渠道底坡。

(3)已知渠道断面、渠壁粗糙系数及渠道底坡,要求渠道的输水能力。

3.4.6 排洪沟的设计计算示例

【例 3-5】 已知某工厂已有天然梯形断面砂砾石河槽的排洪沟总长为 650 m,如图 3-12 所示。沟纵向坡度 $i = 4.5‰$;沟粗糙系数 $n = 0.025$;沟边坡为 $1:m = 1:1.5$;沟底宽度 $B = 2$ m;沟顶宽度 $b = 6.5$ m;渠深 $H = 1.5$ m。当采用重现期 $P = 50$ a 时,洪峰流量为 $Q = 15$ m³/s。试复核已有排洪沟的通过能力。

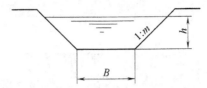

图 3-12　梯形排洪沟计算草图

【解】　(1)复核已有排洪沟断面能否满足 Q 的要求

按式

$$Q = A \cdot v = A \cdot C \sqrt{RI}$$

而

$$C = \frac{1}{n} \cdot R^{1/6}$$

对于梯形断面　　　　　　　　$A = Bh + mh^2 (\mathrm{m}^2)$

其水力半径

$$R = \frac{Bh + mh^2}{B + 2h\sqrt{1+m^2}} (\mathrm{m})$$

设原有排洪沟的有效水深为 $h = 1.3$ m,安全超高为 0.2 m,则:

$$R = \frac{Bh + mh^2}{B + 2h\sqrt{1+m^2}} = \frac{2 \times 1.3 + 1.5 \times 1.3^2}{2 + 2 \times 1.3 \times \sqrt{1+1.5^2}} = 0.77 \text{ m}$$

当 $R = 0.77$ m,$n = 0.025$ 时:

$$C = \frac{1}{n} R^{\frac{1}{6}} = \frac{1}{0.025} \times 0.77^{\frac{1}{6}} = 39.5 \text{ m}^{\frac{1}{2}}/\text{s}$$

而原有排洪沟的水流断面积为:

$$A = Bh + mh^2 = 2 \times 1.3 + 1.5 \times 1.3^2 = 5.13 \text{ m}^2$$

因此原有排洪沟的通过能力为:

$$Q' = A \cdot C \sqrt{RI} = 5.13 \times 39.5 \sqrt{0.77 \times 0.0045} = 11.9 \text{ m}^3/\text{s}$$

显然,Q' 小于洪峰流量 $Q = 15$ m³/s,故原沟断面略小,不能使用,需整修后方可利用。

(2)原有排洪沟的整修改造方案。

方案一:在原沟断面充分利用的基础上,增加排洪沟的深度至 $H = 2$ m,其有效水深 $h = 1.7$ m,如图 3-13 所示。这时

$$A = Bh + mh^2 = 0.5 \times 1.7 + 1.5 \times 1.7^2 = 5.2 \text{ m}^2$$

$$R = \frac{Bh + mh^2}{B + 2h\sqrt{1+m^2}} = \frac{5.2}{0.5 + 2 \times 1.7 \times \sqrt{1+1.5^2}} = 0.785 \text{ m}$$

当　　　　　$R = 0.785$ m,$n = 0.025$ 时,$C = \frac{1}{0.025} \times 0.785^{1/6} = 39.9$

则　　　　　$Q' = A \cdot C \sqrt{RI} = 5.2 \times 39.9 \sqrt{0.785 \times 0.0045} = 12.3 \text{ m}^3/\text{s}$

显然,仍不能满足洪峰流量的要求。若再增加深度,由于底宽过小,不便维护;且增加的能力极为有限,故不宜采用这个改造方案。

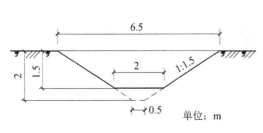

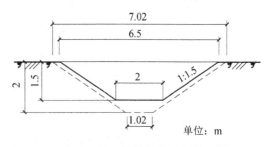

图 3-13 排洪沟改建方案一

图 3-14 排洪沟改建方案二

方案二：适当挖深并略为扩大其过水断面,使之满足排除洪峰流量的要求。扩大后的断面采用浆砌片石铺砌,加固沟壁沟底,以保证沟壁的稳定,如图 3-14 所示。按水力最佳断面进行设计,其梯形断面的宽深比为

$$\beta = \frac{b}{n} = 2\left(\sqrt{1+m^2} - m\right) = 2\left(\sqrt{1+1.5^2} - 1.5\right) = 0.6$$

$$b = \beta \cdot h = 0.6 \times 1.7 = 1.02 \text{ m}$$

$$A = Bh + mh^2 = 1.02 \times 1.7 + 1.5 \times 1.7^2 = 6.07 \text{ m}^2$$

$$R = \frac{Bh + mh^2}{B + 2h\sqrt{1+m^2}} = \frac{6.07}{1.02 + 2 \times 1.7 \times \sqrt{1+1.5^2}} = 0.85 \text{ m}$$

当 $R = 0.85$ m,$n = 0.02$(人工渠道粗糙系数 n 值见表 3-17)时,

$$C = \frac{1}{0.02} \times 0.85^{\frac{1}{6}} = 49.5 \text{ m}^{\frac{1}{2}}/\text{s}$$

$$Q' = A \cdot C\sqrt{RI} = 6.07 \times 49.5\sqrt{0.85 \times 0.0045} = 18.5 \text{ m}^3/\text{s}$$

此结果已能满足排除洪峰流量 15 m³/s 的要求。

此外,复核沟内水流速度 v：

$$v = C\sqrt{RI} = 49.5\sqrt{0.85 \times 0.0045} = 3.05 \text{ m/s}$$

而加固后的沟底沟壁,其最大设计流速查表为 3.5 m/s。故此方案不会受到冲刷,决定采用。

表 3-16 人工渠道的粗糙系数 n 值

序号	渠道表面的性质	粗糙系数 n
1	细砾石(d=10~30 mm)渠道	0.022
2	粗砾石(d=20~60 mm)渠道	0.025
3	粗砾石(d=50~150 mm)渠道	0.03
4	中等粗糙的凿岩渠	0.033~0.04
5	细致爆开的凿岩渠	0.04~0.05
6	粗糙的极不规则的凿岩渠	0.05~0.065
7	细致浆砌碎石渠	0.013
8	一般的浆砌碎石渠	0.017
9	粗糙的浆砌碎石渠	0.02

续表

序号	渠道表面的性质	粗糙系数 n
10	表面较光的夯打混凝土	$0.0155\sim0.0165$
11	表面干净的旧混凝土	0.0165
12	粗糙的混凝土衬砌	0.018
13	表面不整齐的混凝土	0.02
14	坚实光滑的土渠	0.017
15	掺有少量黏土或石砾的砂土渠	$0.02\sim0.022$

思考题

1.什么是最大平均暴雨强度？该参数对雨水管渠的设计有何意义？

2.暴雨强度公式中,重现期和降雨历时是如何影响暴雨强度的？

3.利用面积叠加法和流量叠加法计算所得雨水设计流量有何差别？原因是什么？

4.如何确定地面集水时间和管道中雨水流行时间？

5.进行雨水管道设计计算时,在什么情况下会出现下游管段的设计流量小于上一管段设计流量的现象？若出现应如何处理？

6.雨水管渠平面布置与污水管道平面布置相比有何特点？

7.雨水管道系统的设计参数与污水管道相比有何异同点？

习　题

1.西安市某小区面积共 20 hm²,其中屋面面积占 28%,沥青道路面积占 16%,级配碎石路面占 11%,非铺砌土路面占 5%,绿地面积占 40%。试确定该区的平均径流系数。当设计重现期分别采用 10 a、5 a 和 2 a 时,试计算:设计降雨历时 $t=20$ min 时的雨水设计流量各是多少？

2.雨水管道平面布置如图 3-15 所示。图中各设计管段的本段汇水面积标注在图上,单位以 hm² 计,假定设计流量均从管段起点进入。已知当重现期 $P=2a$ 时,暴雨强度公式为:

$$i=\frac{20}{(t+15)^{0.65}}(\text{mm/min})$$

经计算,径流系数 $\Psi=0.6$。取地面集水时间 $t_1=$ 10 min。各管段的长度以"m"计,管内流速以 m/s 计。数据如下:$l_{1\text{-}2}=120$,$l_{2\text{-}3}=130$,$l_{4\text{-}3}=200$,$l_{3\text{-}5}=200$;$v_{1\text{-}2}=1$,$v_{2\text{-}3}=1.2$,$v_{4\text{-}3}=0.85$,$v_{3\text{-}5}=1.2$。试求各管段的雨水设计流量。

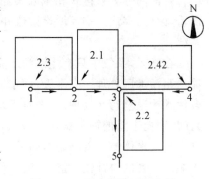

图 3-15　雨水管道平面布置

第4章 合流制管渠系统及其设计

合流制管渠系统是利用一套管渠排除生活污水、工业废水及雨水的系统，是直排式合流制系统改造的主要形式之一，在降雨量少的地区也被采用。通常，合流制管渠的设计内容包括：

(1)划分排水流域，进行管渠定线；

(2)确定溢流井(或称截流井)的数量和位置，以及相关设计参数(截流倍数、暴雨强度公式等)；

(3)确定设计流量，包括溢流井上游和下游截流管渠的流量、溢流的流量；

(4)水力计算，最终确定设计管段的断面尺寸、坡度、管底标高及埋深；

(5)溢流井的水力计算，确定溢流井的结构尺寸；

(6)晴天旱流流量的校核；

(7)绘制管渠平面图及纵剖面图。

4.1 合流制管渠系统概述

4.1.1 合流制管渠系统及其特点

合流制管渠系统是在同一管渠内排除生活污水、工业废水及雨水的系统(见图4-1)，是早期排水系统的主要形式，而且目前许多国家仍在大量沿用，因此，是排水系统的重要内容。

合流制分为直排式和截流式，前者收集的污水未经任何处理直接排放地表水体，导致污染严重，因此，多通过临河增设溢流井(或称截流井)和截流干管的方式改造为截流式合流制管渠系统。

在晴天，系统中只有生活污水和工业废水，水量小，截流干管将全部生活污水和工业废水输送至污水厂处理。在雨天，雨水径流量较小时，截流干管将生活污水、工业废水和雨水的混合污水输送至污水处理厂；随着雨水径流量继续增加，混合污水量超过截流干管的设计输水能力时，截流干管的输水量达到最大，剩余的混合污水溢流(Combined Sewer Overflow, CSO)进入地表水体。随着降雨时间的延长，由于降雨强度的减弱，CSO量又重新降低到等于或小于截流干管的设计输水能力，溢流停止。

与污水管道系统相比，可使所有服务面积上的生活污水、工业废水和雨水汇入同一套管渠，并能以最短距离流向水体，因此，排除相同规模服务区域内的污水时，合流制管渠具有较小的长度和较大的管径(由于合流制排水管道必须输送雨水)。这意味着在旱季，当污水流量较小时，合流制排水管道(与污水管道相比)具有较小的水深。

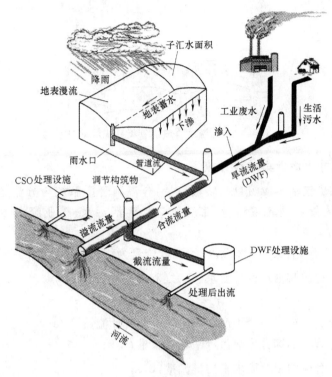

图 4－1　合流制管渠系统示意图

从环境保护角度,CSO 一般比雨水脏,因此,溢流井的数目宜少,且位置应尽可能设置在水体的下游。从经济角度,多设溢流井可降低截流干管下游的流量及尺寸。但是,溢流井过多,会增加溢流井和排放渠道的造价,特别在溢流井离水体较远、施工条件困难时更是如此。因此,合流制管渠系统中,溢流井的设置非常重要。

4.1.2　合流制管渠系统的使用条件

一般说来,在下述情形下可考虑采用合流制:

(1)降雨量少的干旱地区可采用合流制。

(2)排水区域内有一处或多处水源充沛的水体,其流量和流速都足够大,CSO 排入后对水体造成的污染危害程度在允许的范围内。

(3)街坊和街道的建设比较完善,必须采用暗管渠排除雨水,而街道横断面又较窄,管渠的设置在空间受到限制时。

也就是说,首先应保证水体所受的污染程度在允许范围内,才可根据当地城市建设及地形条件合理地选用合流制管渠系统。

4.2　截流式合流制管渠系统设计流量的确定

如图 4－2 所示,为某截流式合流制管渠系统示意图,因溢流井的设置,CSO 进入地表水,并非所有的流量都转输到下游管渠,故溢流井上游和下游的流量确定是不同的。

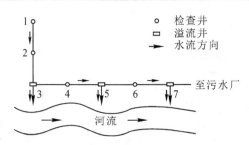

图4-2 截流式合流制管渠系统示意图

1.第一个溢流井上游管渠的设计流量

设计管段的流量包括本段流量和转输流量,合流制管渠系统与分流制管渠系统的区别在于,无论是本段流量还是转输流量,都分别包括生活污水、工业废水和雨水共3种水的流量。

第一个溢流井上游,管渠(1-2管段)的设计流量为综合生活污水的平均日流量($\overline{Q_d}$)、工业废水平均日流量($\overline{Q_m}$)与雨水设计流量(Q_r)之和:

$$Q=\overline{Q_d}+\overline{Q_m}+Q_r \qquad (4-1)$$

式中　Q——合流制管渠第一个溢流井上游管段的设计流量,L/s;

　　　$\overline{Q_d}$——设计管段的综合生活污水平均日流量,L/s;

　　　$\overline{Q_m}$——设计管段的工业废水平均日流量,L/s;

　　　Q_r——设计管段的雨水设计流量,L/s。

公式中生活污水和工业废水均采用平均日流量,而不是最高日最高时的设计流量,其原因是在计算合流污水设计流量中,生活污水、工业废水与雨水流量最大值同时发生的可能性很小。

在式(4-1)中,$\overline{Q_d}+\overline{Q_m}$为晴天的设计流量,又称旱流流量$Q_{dr}$。与雨水流量$Q_r$相比,该值相对较小,因此按该式$Q$计算所得的管径、坡度和流速,应该用旱流流量$Q_{dr}$进行校核,检查管道在输送旱流流量时是否满足不淤的最小流速要求。

在实际水力计算过程中,当旱流流量比雨水设计流量小得很多,例如小于雨水设计流量的5%时,旱流流量一般可以忽略不计,因为它的加入与否往往不影响管径和管道坡度的确定。

2.溢流井下游管渠的设计流量

合流制排水管渠在截流干管上设置了溢流井后,对截流干管的水流情况影响很大。不从溢流井泄出的雨水量,通常按旱流流量Q_{dr}的指定倍数计算,该指定倍数称为截流倍数,即当溢流井内的水流刚达到溢流状态时,转输的雨水量与旱流流量的比值,用n_0表示。因此,当流经溢流井的雨水流量超过$n_0 Q_{dr}$时,则超出流量的混合污水排至地表水体;也就是说,从溢流井转输至下游管渠的流量始终恒定,数值为$(n_0+1)Q_{dr}$。

这样,与溢流井上游设计流量的区别在于,下游管段的设计流量,还应加上溢流井转输的流量$(n_0+1)Q_{dr}$。以3-4管段为例,设计流量为:

$$Q'=\overline{Q'_d}+\overline{Q'_m}+Q'_r+(n_0+1)Q_{dr} \qquad (4-2)$$

式中　Q'——溢流井下游管段的设计流量,L/s;

Q'_d——溢流井下游管段的生活污水平均日流量，L/s；

$\overline{Q'_m}$——溢流井下游管段的工业废水平均日流量，L/s；

Q'_r——溢流井下游管段的雨水设计流量，L/s；

Q_{dr}——溢流井上游管段的旱流流量，L/s；

n_0——截流倍数。

综上，合流制管渠系统第一个溢流井之前，设计管段的设计流量包括本段流量和转输流量，二者又分别包括生活污水、工业废水和雨水 3 种流量，其中生活污水和工业废水均采用平均日流量进行计算。

溢流井转输至截流干管的流量为定值 $(n_0+1)Q_{dr}$，即本溢流井之前设计管段旱流总流量的 n_0+1 倍，超出该流量的 CSO 排至地表水体。

溢流井之后，应作为新的设计管段确定流量，在本段流量和转输流量（分别包括生活污水、工业废水和雨水流量）的基础上，再与溢流井转输的流量 $(n_0+1)Q_{dr}$ 加和获得。

【例 4-1】　某截流式合流制排水管渠如图 4-3 所示，2、3 为溢流井，截流倍数 $n_0=3$，Q_1、Q_3 和 Q_5 分别为 1-2、2-3 和 3-4 管段的本段流量，Q_4 和 Q_6 分别为溢流井下游 2-3 和 3-4 管段的流量，已知地面径流系数为 Ψ，生活污水的比流量为 q_s，$Q_n(n=1,3,5)$ 对应的汇水面积和暴雨强度分别为 F_n 和 q_n；$F_n(n=1,3,5)$ 面积上产生的工业废水量的平均日流量均为 q_m。试计算 $Q_4 \sim Q_7$ 的值。

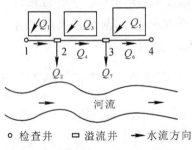

图 4-3　某截流式合流制管渠示意图

【解】　合流制管渠系统的流量包括工业废水、生活污水和雨水 3 部分，对 1-2 管段，只有本段流量，故有：

$$Q_1=Q_{1\text{-}2}=q_m+F_1q_s+\Psi F_1q_1$$
$$Q_3=q_m+F_3q_s+\Psi F_3q_3$$
$$Q_5=q_m+F_5q_s+\Psi F_5q_5$$

对 2# 溢流井，转输的流量为 Q_1 旱流流量的 n_0+1 倍，即 $4(q_m+F_1q_s)$，超出转输流量的混合污水被溢流，故有：

$$Q_2=Q_1-4(q_m+F_1q_s)=q_m+F_1q_s+\Psi F_1q_1-4(q_m+F_1q_s)=\Psi F_1q_1-3(q_m+F_1q_s)$$

Q_4 为管段 2-3 的流量，包括本段流量 Q_3 和 2# 溢流井转输流量之和，所以：

$$Q_4=Q_{2\text{-}3}=4(q_m+F_1q_s)+q_m+F_3q_s+\Psi F_3q_3=5q_m+(4F_1+F_3)q_s+\Psi F_3q_3$$

对 3# 溢流井，转输的流量为溢流井之前旱流流量的 n_0+1 倍，即 Q_1 和 Q_3 旱流流量总和的 4 倍，为 $4(2q_m+F_1q_s+F_3q_s)$，超出转输流量的混合污水被溢流，故有：

$$Q_7=Q_4-4(2q_m+F_1q_s+F_3q_s)$$

$$= 5q_m + (4F_1 + F_3)q_s + \Psi F_3 q_3 - 4(2q_m + F_1 q_s + F_3 q_s)$$
$$= \Psi F_3 q_3 - 3(q_m + F_3 q_s)$$

Q_6 为管段 3-4 的流量，包括本段流量（Q_5）和 3# 溢流井转输流量之和，故有：
$$Q_6 = 4(2q_m + F_1 q_s + F_3 q_s) + Q_5 = 9q_m + q_s(4F_1 + 4F_3 + F_5) + \Psi F_5 q_5$$

4.3 截流井及其设计计算

截流井一般设在合流管渠的入河口前，也有设在城区内，将旧有合流支线接入新建分流制系统。槽式和堰式是国内最常用的截流井的形式。据调查，北京市的槽式和堰式占截流井总数的 80.4%。槽堰结合式兼有槽式和堰式的优点，也可选用。截流井的溢流水位应设在设计洪水位或受纳管道设计水位以上，当不能满足要求时，应设置闸门等防倒灌设施。

4.3.1 截流井的形式与特点

1.跳跃式

跳跃式截流井的构造如图 4-4 所示。它的使用受到一定的条件限制，其下游排水管道应为新敷设管道。因此，对于已有的合流制管道的改造，不宜采用，除非能降低下游管道标高。该截流井的中间固定堰高度可根据手册提供的公式计算得到。由于设计周期较长，而合流管道的旱流流量在工程竣工之前会有所变化，故可将固定堰的上部改为砖砌，且不砌至设计标高，当投入使用后再根据实际水量进行调节。

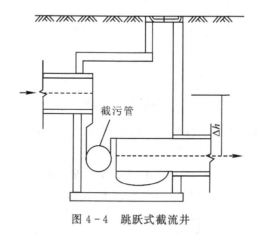

图 4-4 跳跃式截流井

2.截流槽式

截流槽式截流井的构造见图 4-5。该截流井的截流效果好，不影响合流管渠排水能力，当管渠高程允许时应选用。这种截流井的设置无需改变下游管道，甚至可由管道上的检查井直接改造而成（一般只用于现状合流污水管道）。由于截流量难以控制，在雨季时会有大量的雨水进入截流管，从而给污水厂的运行带来困难，所以原则上应少采用。截流槽式截流井必须满足溢流排水管的管内底标高高于排入水体的水位标高，否则水体会倒灌管网，因此在使用中受限制。

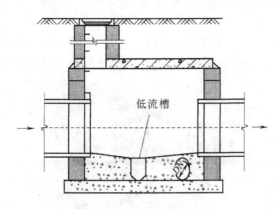

图 4-5　截流槽式截流井

3.侧堰式

无论是跳跃式还是截流槽式截流井,在大雨期间均不能较好地控制进入截污管道的流量,而使用较成熟的侧堰式截流井则可以在暴雨期间将截污管道的流量控制在一定的范围。

(1)固定堰式。它通过堰高控制截流井的水位,保证旱季最大流量时无溢流和雨季时进入截污管道的流量得到控制。同跳跃式截流井一样,固定堰的堰顶标高也可以在竣工之后确定。其结构如图 4-6 所示。

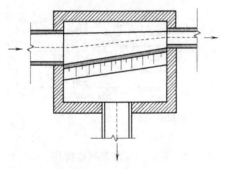

图 4-6　固定堰截流井

(2)可调折板堰截流井。折板堰是德国使用较多的一种截流方式。折板堰的高度可以调节,使之与实际情况相吻合,以保证下游管网运行稳定。但折板堰也存在着维护工作量大、易积存杂物等问题。其结构如图 4-7 所示。

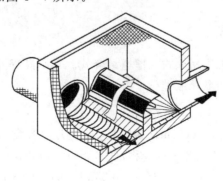

图 4-7　可调折板堰截流井

4.虹吸堰式

虹吸堰式截流井(见图4-8)通过空气调节虹吸,使多余流量通过虹吸堰溢流,以限制雨季的截污量。但由于其技术性强、维修困难、虹吸部分易损坏,在我国的应用还很少。

污水处理

图4-8 虹吸堰式截流井

5.旋流阀截流井

旋流阀截流井是一种新型的截流井,它仅仅依靠水流就能达到控制流量的目的(旋流阀进、出水口的压差作为动力来源)。通过在截污管道安装旋流阀控制雨季截污流量,其精确度可达0.1 L/s。这样,现场测得旱流流量之后,就可以依据水量及截流倍数确定截污管的大小,但是为了便于维护,一般需要单独设置流量控制井(见图4-9)。

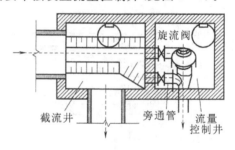

旋流阀

截流井 旁通管 流量
控制井

图4-9 旋流阀截流井

6.带闸板截流井

当要截流现状支河或排洪沟渠的污水时,一般采用闸板截流井。闸板的控制可根据实际条件选用手动或电动。同时,为了防止河道淤积和导流管堵塞,应在截流井的上游和下游分别设一道矮堤,以拦截污物。

4.3.2 截流井的水力计算

截流井宜采用槽式,也可采用堰式或槽堰结合式。管渠高程允许时,应选用槽式,当选用堰式或槽堰结合式时,堰高和堰长应进行水力计算。

1.堰式截流井

当污水截流管管径为300～600 mm时,堰式截流井内各类堰(正堰、斜堰、曲线堰)的堰高,可采用《合流制系统污水截流井设计规程》(CECS91:97)公式计算:

$$①D=300 \text{ mm}, H_1=(0.233+0.013Q_j) \cdot D \cdot k \qquad (4-3)$$

$$②D=400 \text{ mm}, H_1=(0.226+0.007Q_j) \cdot D \cdot k \qquad (4-4)$$

$$③D＝500\ mm，H_1＝(0.219＋0.004Q_j)\cdot D\cdot k \tag{4-5}$$

$$④D＝600\ mm，H_1＝(0.202＋0.003Q_j)\cdot D\cdot k \tag{4-6}$$

$$Q_j＝(1＋n_0)Q_{dr} \tag{4-7}$$

式中　H_1——堰高，mm；

$\quad Q_j$——污水截流量，L/s；

$\quad D$——污水截流管管径，mm；

$\quad k$——修正系数，$k＝1.1\sim1.3$；

$\quad n_0$——截流倍数；

$\quad Q_{dr}$——截流井之前的旱流污水量，L/s。

2.槽式截流井

当污水截流管管径为 $300\sim600\ mm$ 时，槽式截流井的槽深、槽宽，采用《合流制系统污水截流井设计规程》(CECS91:97)公式计算：

$$H_2＝63.9\cdot Q_j^{0.43}\cdot k \tag{4-8}$$

式中　H_2——槽深，mm；

$\quad Q_j$——污水截流量，L/s；

$\quad k$——修正系数，$k＝1.1\sim1.3$。

$$B＝D \tag{4-9}$$

式中　B——槽宽，mm；

$\quad D$——污水截流管直径，mm。

3.槽堰结合式截流井

槽堰结合式截流井的槽深、堰高，采用《合流制系统污水截流井设计规程》(CECS91:97)公式计算：

(1)根据地形条件和管道高程允许降落可能性，确定槽深 H_2。

(2)根据截流量，计算确定截流管管径 D。

(3)假设 H_1/H_2 比值，按表 4-1 计算确定槽堰总高 H。

表 4-1　槽堰结合式井的槽堰总高计算

D/mm	$H_1/H_2\leqslant1.3$	$H_1/H_2＞1.3$
300	$H＝(4.22Q_j＋94.3)\cdot k$	$H＝(4.08Q_j＋69.9)\cdot k$
400	$H＝(3.43Q_j＋96.4)\cdot k$	$H＝(3.08Q_j＋72.3)\cdot k$
500	$H＝(2.22Q_j＋136.4)\cdot k$	$H＝(2.42Q_j＋124.0)\cdot k$

(4)堰高 H_1，可按下列公式计算：

$$H_1＝H－H_2 \tag{4-10}$$

式中　H_1——堰高，mm；

$\quad H$——槽堰总高，mm；

$\quad H_2$——槽深，mm。

(5)截流井溢流水位,应在接口下游洪水位或受纳管道设计水位以上,以防止下游水倒灌,否则溢流管道上应设置闸门等防倒灌设施。校核 H_1/H_2 是否符合表 4-1 的假设条件,否则改用相应公式重复上述计算。

(6)槽宽计算。同式(4-10),截流井溢流水位,应在设计洪水位或受纳管道设计水位以上,当不能满足要求时,应设置闸门等防倒灌设施。截流井内宜设流量控制设施。

4.4　合流制管渠系统的设计计算

4.4.1　水力计算要点

合流制管渠按满管流设计。水力计算的设计数据,包括设计流速、最小坡度和最小管径等,基本上和雨水管渠的相同。

1.溢流井上游合流管渠的计算

溢流井上游合流管渠的计算与雨水管渠基本相同,区别是它的设计流量包括雨水、生活污水和工业废水 3 部分。合流管渠的雨水设计重现期一般应适当提高,有的专家认为可比雨水管渠提高 10%~25%。因为虽然旱流流量从检查井溢出的可能性不大,但 CSO 比雨水溢出造成的损失要大。因此,合流管渠的设计重现期和允许的积水程度都需从严掌握。

2.截流干管和溢流井的计算

对于截流干管和溢流井的计算,主要是要合理确定截流倍数 n_0,据此可确定截流干管的设计流量和溢流井溢出(CSO)的流量,然后进行截流干管和溢流井的水力计算。根据《室外排水设计标准》(GB50014—2021),n_0 宜采用 2~5。工程实践中,我国多数城市采用截流倍数 n_0 = 3。欧洲一些国家的截流倍数取值见表 4-3。

表 4-3　欧洲一些国家常采用的截流倍数 n_0 值

国家	截流倍数 n_0 值
奥地利、丹麦、芬兰、希腊、意大利、葡萄牙、西班牙、瑞士	2
法国	2~3
爱尔兰、荷兰	3
瑞典	3~4
德国	4
比利时	3~5
英国	5

3.晴天旱流情况校核

晴天旱流流量校核的目的是使管渠满足最小流速的要求,当不能满足时,可修改设计管段的管径和坡度。应当指出,由于合流管渠中旱流流量较小,特别是在上游管段,旱流校核时往往不易满足最小流速要求,此时可在管渠底设低流槽以保证旱流时的流速,或者加强养护管理,利用雨天流量冲洗管渠,以防淤积。

4.4.2　设计计算案例

图 4-10 是某市一个区域的截流式合流干管的计算平面图。其计算原始数据如下:

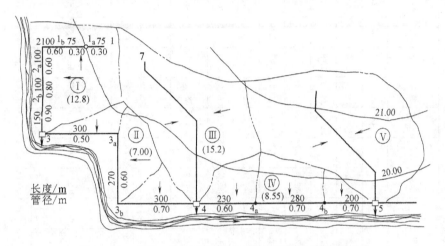

图 4-10　某市一个区域的截流式合流干管的计算平面图

(1)设计雨水量计算公式。该区域设计重现期 $P=2$ a,对应的暴雨强度公式为:

$$q=\frac{6932}{t+25.65}(\mathrm{L/(s \cdot hm^2)})$$

式中　t——集水时间,地面集水时间 t_1 按 10 min 计,管内流行时间为 t_2,则 $t=10+t_2$。

该设计区域平均径流系数经计算为 0.45,则设计雨水量为:

$$Q_r=\frac{6932 \times 0.45}{10+\sum t_2+25.65} \cdot F=\frac{3119.4}{35.65+\sum t_2} \cdot F \text{ (L/s)}$$

式中　F——设计排水面积,$\mathrm{hm^2}$。

当 $\sum t_2=0$ 时,单位面积的径流量 $q_0=74.8$ $\mathrm{L/(s \cdot hm^2)}$。

(2)设计人口密度按 300 人/$\mathrm{hm^2}$ 计算,生活污水标准按 100 $\mathrm{L/(人 \cdot d)}$ 计,故生活污水比流量为:

$$q_s=0.347 \text{ L/(s \cdot hm^2)}$$

(3)截流干管的截流倍数 n_0 采用 3。

(4)街道管网起点埋深 1.75 m。

计算时,先划分各设计管段及其排水面积,计算每块面积的大小,如图 4-10 中括号内所示数据;再计算设计流量,包括雨水量、生活污水量及工业废水量;然后根据设计流量查水力计算表(满管流)得出设计管径和坡度,本例中采用的管道粗糙系数 $n=0.013$;最后校核旱流情况。

表 4-4 为管段 1-5 的水力计算结果。现对其中部分计算说明如下:

表 4-4　截流式合流干管计算表

管段编号	管长/m	排水面积/hm²			管内流行时间/min		设计流量/L·s⁻¹					设计管径/mm	设计坡度	管道坡降/m	设计流速/(m·s⁻¹)	地面标高/m		管内底标高/m		埋深/m		旱流校核			备注
		本段	转输	总计	累计	本段	雨水	生活污水	工业废水	溢流井转输输水量	总计					起点	终点	起点	终点	起点	终点	旱流流量/L·s⁻¹	充满度	流速/m·s⁻¹	
1	2	3	4	5	6	7	8	9	10	11	12	13	14	15	16	17	18	19	20	21	22	23	24	25	
1—1ₐ	75	0.60	/	0.60	0	1.60	52.50	0.21	2.11	/	54.82	300	0.0032	0.24	0.78	390.35	390.15	388.60	388.36	1.75	1.79	2.32	0.14	0.36	
1ₐ—1_b	75	1.40	0.60	2.00	1.60	1.42	167.47	0.69	5.21	/	173.38	500	0.0021	0.16	0.88	390.15	389.95	388.16	388.00	1.99	1.95	5.90	0.13	0.38	
1_b—2	100	1.80	2.00	3.80	3.02	1.49	306.51	1.32	9.5	/	317.33	600	0.0027	0.27	1.12	389.95	389.70	387.90	387.63	2.05	2.07	10.82	0.13	0.49	
2—2ₐ	80	0.70	3.80	4.50	4.51	1.03	349.52	1.56	13.45	/	364.54	600	0.0035	0.28	1.29	389.70	389.70	387.63	387.35	2.07	2.35	15.01	0.14	0.6	
2ₐ—2_b	120	4.50	4.50	9.00	5.54	1.43	681.51	3.12	18.85	/	703.48	800	0.0028	0.34	1.40	389.70	389.65	387.15	386.82	2.55	2.83	21.97	0.12	0.59	
2_b—3	150	3.80	9.00	12.80	6.97	1.64	936.77	4.44	26.5	/	967.71	900	0.0029	0.44	1.52	389.65	389.60	386.72	386.28	2.93	3.32	30.94	0.12	0.64	
3—3ₐ	300	2.00	/	2.00	0.00	4.72	175.00	0.69	0.18	123.77	299.64	600	0.0024	0.72	1.06	389.6	389.65	386.38	385.66	3.02	3.99	31.81	0.23	0.65	3 点设溢流井
3ₐ—3_b	270	2.80	2.00	4.80	4.72	3.46	370.92	1.67	2.43	123.77	498.79	700	0.0029	0.78	1.30	389.65	389.60	385.55	384.78	4.09	4.82	35.04	0.18	0.70	
3_b—4	300	2.20	4.80	7.00	8.18	3.07	498.21	2.43	4.61	123.77	629.02	700	0.0046	1.38	1.63	389.60	389.60	384.78	383.40	4.82	6.20	37.98	0.17	0.84	
4—4ₐ	230	2.95	/	2.95	0	3.36	258.13	1.02	3.23	178.08	440.46	700	0.0023	0.53	1.14	389.60	389.60	383.40	382.87	6.20	6.73	48.77	0.23	0.72	4 点设溢流井,7 - 4 管段转输流量为 6.54 L/s
4ₐ—4_b	280	3.10	2.95	6.05	3.36	3.51	483.75	2.10	5.28	178.08	669.21	800	0.0026	0.73	1.33	389.65	389.65	382.77	382.04	6.83	7.61	51.90	0.19	0.75	
4_b—5	200	2.50	6.05	8.55	6.87	2.06	627.23	2.97	8.4	178.08	816.68	800	0.0038	0.76	1.62	389.65	389.65	382.04	381.28	7.61	8.37	55.89	0.18	0.88	

(1)经旱流流量校核,$1-1_a$,1_a-1_b,1_b-2 和 2_a-2_b 管段的流速小于 0.6 m/s,在施工设计时或在养护管理中应采取适当措施防止淤积。

(2)3 点及 4 点均设有溢流井。对于 3 点而言,由 $1-3$ 管段流来的旱流流量为 30.94 L/s。在截流倍数 $n_0=3$ 时,溢流井转输的雨水量为

$$Q_r = n_0 \cdot Q_{dr} = 3 \times 30.94 = 92.82 \text{ L/s}$$

经溢流井转输的总设计流量为

$$Q = Q_r + Q_{dr} = (n_0+1)Q_{dr} = (3+1) \times 30.94 = 123.77 \text{ L/s}$$

经溢流井溢流入河道的混合废水量为

$$Q_0 = 967.71 - 123.77 = 843.94 \text{ L/s}$$

对于 4 点而言,由 $3-4$ 管段流来的旱流流量为 37.98 L/s;由 $7-4$ 管段流来的总设计流量为 625.80 L/s,其中旱流流量为 6.54 L/s。故到达 4 点的总旱流流量为

$$Q_{dr} = 37.98 + 6.54 = 44.52 \text{ L/s}$$

经溢流井转输的雨水量为

$$Q_r = n_0 \cdot Q_{dr} = 3 \times 44.52 = 133.56 \text{ L/s}$$

经溢流井转输的总设计流量为 2

$$Q = Q_r + Q_{dr} = (n_0+1)Q_{dr} = (3+1) \times 44.52 = 178.08 \text{ L/s}$$

经溢流井溢入河道的混合污水量为

$$Q_0 = 629.02 + 625.80 - 178.08 = 1076.74 \text{ L/s}$$

(3)截流管 $3-3_a$、$4-4_a$ 的设计流量分别为

$$Q_{(3-3_a)} = (n_0+1)Q_{dr} + Q_{r(3\sim3_a)} + Q_{d(3\sim3_a)} + Q_{m(3\sim3_a)}$$
$$= 123.77 + 175 + 0.69 + 0.18 = 299.64 \text{ L/s}$$

$$Q_{(4-4_a)} = (n_0+1)Q_{dr} + Q_{r(4\sim4_a)} + Q_{d(4\sim4_a)} + Q_{m(4\sim4_a)}$$
$$= 178.08 + 258.13 + 1.02 + 3.23 = 440.46 \text{ L/s}$$

4.5　合流制管渠系统的改造途径

历史上,直排式合流制在解决城市区域积水、改善城市卫生环境、普及排水管道系统中做出了很大贡献,但污水未经处理直排的弊端日益显现。截流式合流制可以将部分初期雨水送至污水处理厂处理,这对水体保护有一定优越性。但是 CSO 进入水体,仍对受纳水体造成一定污染。因此合流制管渠系统的改造仍旧是一项长期的艰巨任务。

目前,对城市合流制管渠系统的改造,通常有:改合流制为分流制、改为截流式合流制、适当处理混合污水和控制溢流混合污水水量等。

1.改合流制为分流制

随着城市卫生条件的改善及大气污染物的有效控制,一般认为,雨水的水质趋于变好,因此,分流制产生的污染较合流制要轻。而且雨污水分流,需要处理的污水量将相对减少,污水在成分上的变化也较小,所以污水厂的运行管理容易控制。通常,在具有下列条件时,可考虑将合流制改造为分流制:

(1)住房内部有完善的卫生设备,便于将生活污水与雨水分流;

(2)工厂内部可清污分流,生产污水处理后接入城市污水管道系统,较清洁的生产废水循

环使用,雨水收集至城镇雨水管道;

（3）城市街道的横断面有足够的空间,允许增建分流制污水管道,并且不对城市的交通造成严重影响。

一般来说,住房内部的卫生设备目前已日趋完善,将生活污水与雨水分流易于做到;但工厂内的清污分流,因已建车间内工艺设备的平面位置与竖向布置比较固定而不太容易做到;至于城市街道横断面的大小,则往往由于旧城市（区）的街道比较窄,加之年代已久,地下管线较多,交通也较频繁,使改建工程的施工极为困难。此外,分流制系统中的雨污水管道混接一直是难以解决的问题,使得合流制改分流制在实践中面临许多困难。

2.改为截流式合流制

将合流制改为分流制往往因投资大、空间受限或施工困难等原因难以在短期实现,所以目前多通过增设截流井并修建截流干管进行改造,即将旧合流制改为截流式合流制。但是,因雨天混合污水排入水体,并未杜绝对受纳水体的污染。

3.适当处理混合污水

截流式合流制因混合污水排入水体会造成污染,因此,可对混合污水进行适当处理。处理措施包括细筛滤、沉淀,或者通过投氯消毒后再排入水体。或者适当提高截流倍数、提高截流管渠和泵站能力和改进污水处理厂工艺,使更多截流污水得到处理。

也可增设蓄水池或地下人工水库,用于收集部分初期雨水,降雨过后缓慢输送至污水处理厂处理。因此合流制调蓄池的主要作用是截流初期雨水,调蓄池越大（越昂贵）,污染量进入水体越少。调蓄池的优化尺寸应该考虑到暴雨流量中污染负荷随时间的变化。

4.控制溢流混合污水量

为减少溢流混合污水对水体的污染,在土壤有足够渗透性且地下水位较低（至少低于排水管底标高）的地区,可采用提高地表持水能力和地表渗透能力的措施,减少暴雨径流,从而降低溢流的混合污水量。例如,采用透水性路面或没有细料的沥青混合料路面,可以削减高峰径流量,但需定期清理路面以防阻塞;也可采用屋面、街道、停车场或公园临时设置蓄水塘等措施,削减溢流混合污水的水量。

应当指出,城市旧合流制排水系统的改造是一项很复杂的工作,必须根据当地的具体情况,与城市规划相结合,在确保水体免受污染的条件下,充分发挥原有排水系统的作用,使改造方案有利于保护环境,经济合理,切实可行。

思考题

1.合流制排水体制的适用条件有哪些?

2.与污水管道系统相比,合流制管渠系统的设计计算有何不同?

3.你认为居住小区宜采用分流制还是合流制? 为什么?

习 题

宝鸡某工业区拟采用合流管渠系统,其管渠平面布置如图 4-11 所示,各设计管段的管长和排水面积、工业废水量见表 4－5。

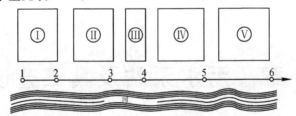

图 4－11　宝鸡某工业区合流管渠平面布置

表 4－5　设计管段的管长和排水面积、工业废水量

管段编号	管长 l/m	排水面积 F/hm^2				本段工业废水	备注
		面积编号	本段面积	转输面积	合计	流量 $Q/(L \cdot s^{-1})$	
1－2	85	Ⅰ	1.20			20	
2－3	128	Ⅱ	1.79			10	
3－4	59	Ⅲ	0.83			60	
4－5	138	Ⅳ	1.93			0	
5－6	165.5	Ⅴ	2.12			35	

其他的原始资料如下：

1.设计雨水量参数：设计重现期采用 $P＝2$ a；地面集水时间 $t_1＝10$ min；该设计区域平均径流系数 $\Psi＝0.45$。

2.设计人口密度为 350 人/hm^2，生活污水量标准按 120 L/（人·d）计。

3.截流干管的截流倍数 $n_0＝3$。

试计算：(1)各设计管段的设计流量；(2)若在 5 点设置溢流堰式溢流井，则 5－6 管段的设计流量及 5 点的溢流量各为多少？此时 5－6 管段的设计管径可比不设溢流井时的设计管径小多少？

第5章 污水泵站及其工艺设计

污水以重力流排除,但往往由于受到地形、地质等条件的限制而发生困难,这时就需要设置泵站将污水提升,包括局部泵站、中途泵站和总泵站等。通常,污水泵站的工艺设计内容包括:

(1)确定水泵的联合工作方式、泵站的设计总流量和设计扬程,进行水泵的选型及配置;

(2)水泵与机组的布置,确定水泵的平面布置尺寸;

(3)集水池的工艺设计,包括池容、水深、平面尺寸及断面尺寸等的计算;

(4)管路的设计计算,包括进水(吸水)管路和出水(压水)管路的管径、流速等的确定;

(5)污水泵站辅助设施的设计,包括液位控制、计量、采暖通风和起重等内容。

5.1 叶片泵及其性能

5.1.1 常用叶片泵及其特点

污水泵站常用叶片式水泵,包括离心泵、混流泵和轴流泵等。由于叶轮的设计不同,水在泵壳内的流向不同,故工作特性和适用范围也有所差异(见图5-1)。

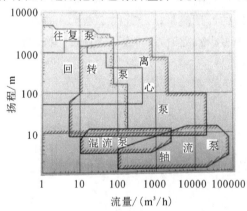

图5-1 常用泵的适用范围

1.离心泵

离心泵叶轮的叶片装在轮盘的盘面上,运转时泵内水流方向呈辐射状。启动时,叶轮和水作高速旋转运动。水受到离心力作用被甩出叶轮后,流入压力管道输出。同时,叶轮中心因水被甩出而形成真空,压差的作用使吸水池中的水源源不断流入叶轮吸水口。以上过程不停重复形成了离心泵的连续输水(见图5-2)。

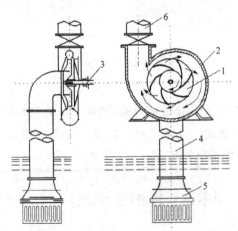

1—叶轮；2—泵壳；3—泵轴；4—吸水管；5—吸水头部；6—压水管。

图 5-2　离心泵

按轮轴方向不同，离心泵分为卧式泵和立式泵两大类。排水系统中常用立式污水泵，因为：①占地面积小，节省造价；②水泵和电动机可以分别安置。水泵常置于地下室，而电动机放在干燥的地面建筑物中。但这种泵轴向推力很大，各零件易遭受磨损，故对安装技术和机件精度要求都较高，其检修也不如卧式泵方便。

2.轴流泵和混流泵

轴流泵和混流泵都是叶片式水泵中比转数（一种能够反映叶片泵共性的综合性特征参数）较高的水泵。其特点是输送中、大流量，中、低扬程的水流。特别是轴流泵，扬程一般仅为 4～15 m。

轴流泵的工作是以空气动力学中机翼的升力理论为基础的。其叶片与机翼具有相似形状（翼形）的截面，在水中高速旋转时，水流相对于叶片就产生了急速的绕流，叶片对水施以一定的力，水就被压升到指定的高度。

混流泵叶轮的工作原理是介于离心泵和轴流泵之间的一种过渡形式，这种水泵的液体质点在叶轮中流动时，既受离心力的作用，又有轴向升力的作用。

3.潜水泵

随着防腐措施和防水绝缘性能的不断改善，电动泵组可以制成能放在水中的泵组，称潜水泵。

其主要特点：占地面积小、节省土建费用、管路简单、配备设备少、安装方便、操作简单、运行可靠、易于维护等。有条件时应采用潜水泵抽升雨、污水或污泥。

4.变频调速泵

一般水泵是以固定速率运行，某些水泵可以在两种或多种速率之间转换，或者具有连续变化的速率，称作变频调速泵。

其优点是泵站的出流量更接近于（从系统来的）进流量的变化，因此在集水井需要较小的贮存容积时可采用。此外，水泵避免了频繁启闭，压水管路中所挟的沉积物也会减少，流量、流速及由此产生的水头损失也将降低。但是，变速泵价格较高，且需要较复杂的控制方案，在某种速率下效率可能会很低。

5.1.2 叶片泵的性能参数

叶片泵的基本性能,通常由六个性能参数来表示。

1.流量

流量是指泵在单位时间内所输送的液体数量,也称抽水量,用 Q 表示,常用单位是"m^3/h"或"L/s"。

2.扬程

扬程是指泵对单位重量(1 kg)液体所作的功,也即单位重量液体通过泵后其能量的增值,用 H 表示。排水工程中,表示水比能的增值,单位为 mH_2O 或 Pa。1 atm = 1 kg/cm^2 = 98.0665 kPa ≈ 0.1 MPa。

3.轴功率

泵的轴功率是指泵轴得自原动机所传递来的功率称为轴功率,用 N 表示。原动机为电力时,轴功率单位以 kW 表示。

4.效率

效率是指泵的有效功率与轴功率之比值,以 η 表示。

单位时间内流过泵的液体从泵那里得到的能量叫做有效功率,以字母 N_u 表示,泵的有效功率为

$$N_u = \rho g Q H (\mathrm{W}) \qquad (5-1)$$

式中　　p——液体的密度,kg/m^3;

　　　　g——重力加速度,m/s^2;

　　　　Q——流量,m^3/s;

　　　　H——扬程,mH_2O。

由于泵不可能将原动机输入的功率完全传递给液体,在泵内部有损失,这个损失通常就以效率 η 来衡量。泵的效率为

$$\eta = \frac{N_u}{N} \qquad (5-2)$$

由此求得泵的轴功率:

$$N = \frac{N_u}{\eta} = \frac{\rho g Q H}{\eta} (\mathrm{W}) = \frac{\rho g Q H}{1000\eta} (\mathrm{kW}) \qquad (5-3)$$

有了轴功率、有效功率及效率的概念后,可按以下公式计算泵的电耗值。

$$W = \frac{\rho g Q H}{1000\eta_1\eta_2} \cdot t (\mathrm{kW \cdot h}) \qquad (5-4)$$

式中　　W——泵的电耗,$kW \cdot h$;

　　　　t——泵的运行时间,h;

　　　　η_1——叶轮的效率;

　　　　η_2——电动机的效率。

【例 5-1】　某城镇污水处理厂的提升泵站,流量 $Q = 8.64 \times 10^4$ m^3/d,扬程 $H = 15$ mH_2O,泵的叶轮及电机的效率均为 80%,该泵站工作 10 h 其电耗值为多少?

【解】　将 $Q=8.64\times10^4\ m^3/d=1\ m^3/s$，$H=15\ mH_2O$，$\eta_1=\eta_2=0.8$，$t=10\ h$ 代入式(5 -4)，得，

$$W=\frac{1000\ kg/m^3\times9.8\ m/s^2\times1\ m^3/s\times15\ m}{1000\times0.8\times0.8}\times10\ h=2297\ kW\cdot h$$

5.转速

转速是指泵叶轮的转动速度，通常以每分钟转动的次数来表示，用 n 表示。常用单位为 r/min。各种泵都是按一定转速设计的，当泵的实际转速不同于设计转速时，泵的性能参数（如 Q、H、N 等）也将按一定的规律变化。

6.允许吸上真空高度及气蚀余量

允许吸上真空高度是指泵在标准状况下（即水温为 20℃、表面压力为一个标准大气压）运转时，泵所允许的最大的吸上真空高度，用 H_s 表示，单位为 mH_2O。水泵厂一般常用 H_s 来反映离心泵的吸水性能。

气蚀余量是指泵进口处，单位重量液体所具有超过饱和蒸气压力的富裕能量。泵站一般常用气蚀余量来反映轴流泵的吸水性能，用 H_{sv} 表示，单位为 mH_2O。气蚀余量在泵样本中也有以 Δh 来表示的。

H_s 值与 H_{sv} 值是从不同的角度来反映泵吸水性能好坏的参数。

5.2　离心泵的水力设计

5.2.1　离心泵的特性曲线

离心泵的 H、η、N 和 H_s 都与 Q 有关，当转速 n 一定时，可通过试验测出它们与 Q 间的关系曲线。图 5-3 是转速(n)为 1450 r/min 的情况下，绘制的 $Q-H$、$Q-N$、$Q-\eta$ 及 $Q-H_s$ 等 4 条曲线。它们的特点可归纳如下：

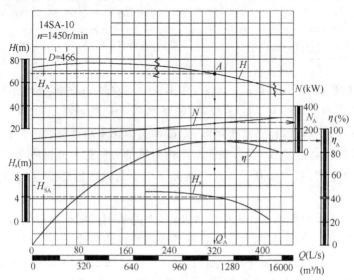

图 5-3　14SA-10 型离心泵的特性曲线

(1)每一个流量(Q)都对应一定的扬程(H)、轴功率(N)、效率(η)和允许吸上真空高度(H_s)。扬程随流量的增大呈下降的趋势。

(2)$Q\text{-}H$ 曲线是一条不规则的曲线。相应效率最高值(Q_0，H_0)是该泵最经济工作的一个点。在该点左右的一定范围内(一般不低于最高效率点的 10% 左右)均属效率较高的区段，在泵样本中，用两条波形线"$\}$"标出，称为泵的高效段。选泵时，应使泵站设计所要求的流量和扬程能落在高效段的范围内。

(3)在流量 $Q=0$ 时，相应的轴功率并不等于零，而为 $N=100$ kW。此功率主要消耗于泵的机械损失上，结果使泵壳、轴承发热，严重时可能导致泵壳的热力变形。这种情况下，泵的轴功率仅为设计轴功率的 30%～40%，而扬程又是最大，完全符合电动机轻载启动的要求。因此，离心泵启动通常采用"团闸启动"的方式，待电动机运转正常后，再逐步打开闸阀，使泵作正常运行。

(4)在 $Q\text{-}N$ 曲线上各点的纵坐标，表示泵在不同流量时的轴功率值。在选择配套的电动机时，必须根据泵的工作情况选择比泵轴功率稍大的功率，以免在实际运行中，出现小机拖大泵而使电机过载，甚至烧毁等事故。但亦应避免选配过大功率的电机，造成电机容量不能充分利用，从而降低了电机效率。电动机的配套功率可按下式计算：

$$N_p = k\frac{N}{\eta_2} \tag{5-5}$$

式中　N_p——电动机配套功率，kW；

　　　k——安全系数，可参考表 5-1；

　　　η_2——电动机的效率，电动机的功率传给泵时，在传动过程中也将损失部分功率，传动方式不同，功率损失值也不同；

　　　N——泵装置在运行中可能达到的最大的轴功率，kW。

表 5-1　根据运行中的泵轴功率而定的 k 值

泵轴功率/kW	<1	1～2	2～5	5～10	10～25	25～60	60～100	>100
k	1.7	1.7～1.5	1.5～1.3	1.3～1.25	1.25～1.15	1.15～1.1	1.1～1.08	1.08～1.05

一般采用挠性联轴器传动时：$\eta_2>95\%$，采用皮带传动时：$\eta_2=90\%～95\%$。

另外，泵样本中所给出的 $Q\text{-}H$ 曲线，指的是水或者是某种特定液体时的轴功率与流量之间的关系，如果所提升的液体密度不同时，泵的轴功率要重新计算。

(5)$Q\text{-}H_s$ 曲线上各点的纵坐标，表示泵在相应流量下所最大允许吸上的真空高度。它并不表示实际吸水真空值，泵的实际吸水真空值必须小于曲线上的相应值，否则，将产生气蚀现象对泵造成腐蚀。

流量和扬程是水泵设备选型的依据。因此，以上关系中，"扬程随流量的增大而下降"的规律非常重要。通常，每一种类型的水泵都具有其特定的特性曲线。

为使用户全面了解泵的性能并方便选型，水泵厂通常提供系列水泵的样本，除了对泵的构造、尺寸作出说明以外，更主要的是提供了扬程与流量之间相互关系的特性曲线，例如，图5-4 为 Sh 型离心泵性能曲线谱图。

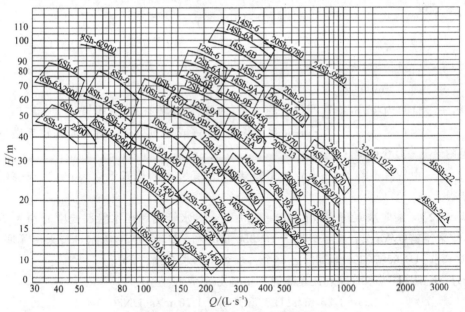

图 5-4 Sh 型离心泵性能曲线谱图

图中每一小方框表示一种泵的高效工作区域,框内注明了泵的型号、转速及叶轮直径。用户在使用这种谱图选泵时,只需看所需要的工况点落在哪一块方框内,即选用哪一台泵,十分方便简明。

5.2.2　管道系统的特性曲线

与水泵相连的管道也具有流量与扬程的关系特性曲线,其中扬程由以下几部分组成:

(1)水泵净扬程,即水泵吸水构筑物(例如集水池)与水泵出水构筑物(例如单管出水井、细格栅间等)水面之间高程的差值,可用 H_{ST} 表示。

(2)管道水头损失,水流经过管道时,一定存在水头损失,具体包括沿程水头损失和局部水头损失(见式 2-8),即 $\sum h = \sum h_f + \sum h_m$ 。

管道系统布置完成后,则管道长度(l)、管径(D)、比阻(A),以及局部阻力系数 ξ 等都为已知数。沿程水头损失通常可按水力坡降或比阻进行计算。

方法一:按水力坡降进行计算

对于钢管:

$$\sum h_f = \sum i k_1 l \tag{5-6}$$

当 $v < 1.2$ m/s 时,　　$i = 0.000912 \times \dfrac{(k_2 v)^2}{d_j^{1.3}} \times \left(1 + \dfrac{0.867}{k_2 v}\right)^{0.3} \tag{5-7}$

当 $v \geqslant 1.2$ m/s 时,　　$i = 0.00107 \times \dfrac{(k_2 v)^2}{d_j^{1.3}} \tag{5-8}$

对于铸铁管:

$$\sum h_f = \sum i l \tag{5-9}$$

当 $v < 1.2$ m/s 时,　　$i = 0.000912 \times \dfrac{v^2}{d_j^{1.3}} \times \left(1 + \dfrac{0.867}{v}\right)^{0.3} \tag{5-10}$

当 $v \geq 1.2$ m/s 时，$$i = 0.00107 \times \frac{v^2}{d_j^{1.3}} \qquad (5-11)$$

式中　i——水力坡降；

　　　l——管道长度，m；

　　　v——流速，m/s；

　　　d_j——计算内径，mm，可根据公称直径、内径、外径等查表（见附录 5-1）获得；

　　　k_1——由壁厚不等于 10 mm 对水力坡降 i 值（或比阻 A 值）引入的修正系数，可通过查表（见附录 5-2）获得；

　　　k_2——由壁厚不等于 10 mm 对钢管流速 v 值引入的修正系数，可通过查表（见附录 5-3）获得。

【例 5-2】　某取水泵房，泵流量 $Q = 120$ L/s，吸水管路和压水管路长度分别为 20 m 和 300 m，均采用铸铁管，二者管径分别为 DN350 mm 和 DN300 mm，吸水进口采用无底阀的滤水网、90°弯头、DN350×300 渐缩管各 1 个。求管路的水头损失。

【解】　经计算，吸水管路和压水管路的流速分别为：
$$v_1 = 1.25 \text{ m/s(DN350)}, v_2 = 1.70 \text{ m/s(DN300)}$$

查表得 DN350 和 DN300 的铸铁管的计算内径 d_j 分别为 350 mm 和 300 mm，因此，吸水管路的沿程水头损失：
$$h_f = il = 0.00107 \times \frac{v^2}{d_j^{1.3}} l = 0.00107 \times \frac{1.25^2}{0.35^{1.3}} \times 20 = 0.13 \text{ m}$$

查表得阻力系数分别为：无底阀的滤水网为 2，DN350 铸铁 90°弯头 0.59，DN350×300 渐缩管为 0.17，因此，吸水管路的局部水头损失：
$$h_m = \xi \frac{v^2}{2g} = (1 \times \xi_{网} + 1 \times \xi_{90}) \frac{v_1^2}{2g} + \xi_{渐缩} \frac{v_2^2}{2g} = (2 + 0.59) \times \frac{1.25^2}{2g} + 0.17 \times \frac{1.70^2}{2g} = 0.23 \text{ m}$$

吸水管路总水头损失：$h = h_f + h_m = 0.13 + 0.23 = 0.36$ m

压水管路的沿程水头损失：
$$h_f' = il = 0.00107 \times \frac{v^2}{d_j^{1.3}} l = 0.00107 \times \frac{1.7^2}{0.3^{1.3}} \times 300 = 4.44 \text{ m}$$

压水管路的局部水头损失按沿程水头损失的 10% 计，所以，压水管路总水头损失：$h' = 4.44 \times 1.1 = 4.88$ m

综上，管路总水头损失为 $4.88 + 0.36 = 5.24$ m

【例 5-3】　某城镇污水处理厂规模为 50000 m³/d，初沉池池顶标高为 395.6 m，水面超高为 0.5 m，初沉池的进水来自曝气沉砂池，连接曝气沉砂池和初沉池的管道的长度为 17.5 m，为 DN1000 的钢管，壁厚 10 mm 管路上设有 90°弯头 2 个、45°弯头 1 个，闸阀（DN1000）9 个，试计算曝气沉砂池进、出水的水面标高。

【分析】　为保证污水从曝气沉砂池重力流入初沉池，曝气沉砂池出水和初沉池进水的水面高差（污水所提供的水头）应能克服管道的阻力（即为管道的总水头损失），因此，初沉池水面的标高与管道总水头损失之和即为曝气沉砂池出水的水面标高，其与自身的水头之和即为曝气沉砂池的进水水面标高。

【解】　污水管道应按最大流量进行设计，根据污水厂的规模计算得到 $K_z = 1.5$，因此，管

道的设计流量：$Q = 50000 \times 1.5 = 0.87 \text{ m}^3/\text{s}$

根据 DN1000 mm 得到管内流速为：$v = 0.87/(\dfrac{\pi \times 1.0^2}{4}) = 1.11 \text{m/s}$

查表得 DN1000 mm 的钢管的计算内径 $d_j = 1000 \text{ mm} = 1 \text{ m}$，壁厚 10 mm 对应的 $k_2 = 1$，沿程水头损失：

$$h_f = 0.000912 \times \frac{v^2}{d_j^{1.3}}(1 + \frac{0.867}{v})^{0.3} l = 0.00134 \times 17.5 = 0.02 \text{ m}$$

查表得局部阻力系数分别为：全开闸阀(DN1000)为 0.05，DN1000 的钢制焊接 45°弯头为 0.54，90°弯头为 1.08，所以，局部阻力损失：

$$h_m = \xi \frac{v^2}{2g} = (0.05 \times 9 + 0.54 + 1.08 \times 2) \times \frac{1.11^2}{2g} = 0.20 \text{ m}$$

因此，曝气沉砂池出水的水面标高 $h_1 = 395.6 - 0.5 + 0.02 + 0.20 = 395.32 \text{ m}$

曝气沉砂池自身跌水按 0.5 m(含堰上水头)计，则曝气沉砂池进水水面标高为 395.82m。

方法二：按比阻进行计算

对于钢管：

$$\sum h_f = \sum A k_1 k_3 l Q^2 \tag{5-12}$$

对于铸铁管：

$$\sum h_f = \sum A k_3 l Q^2 \tag{5-13}$$

式中　A——比阻，m^3/s，根据公称直径(钢管)或内径(铸铁管)查表(见附录 5-4 和 5-5)获得；
　　　k_3——管中平均流速小于 1.2 m/s 对比阻 A 引入的修正系数，可查表(见附录 5-6)获得；
　　　Q——流量，m^3/s。

当采用比阻公式表示时，$\sum h = \sum h_f + \sum h_m$ 可写为：

$$\sum h = \left[\sum A k l + \sum \xi \frac{1}{2g \left(\frac{\pi D^2}{4}\right)^2} \right] Q^2 \tag{5-14}$$

式中，k 为修正系数，对于钢管 $k = k_1 k_3$，对于铸铁管 $k = k_3$。括号内的数值，对于一定的管道是个常量。为计算方便计，常用 S 表示：

即

$$\sum h = S Q^2 \tag{5-15}$$

式中　S——沿程阻力与局部阻力之和的系数。

式(5-15)描述的 $Q - \sum h$ 曲线一般称为管道水头损失特性曲线(见图 5-5)，为一条二次抛物线。曲线的曲率取决于管道的直径、长度、管壁粗糙度以及局部阻力附件的布置情况。

(3)安全水头。为保证水泵装置提供扬程的安全性，水被提升到高位后还存在一定的流速，这部分比能量称为流速水头，用 $v^2/2g$ 表示，也即安全水头。

综上，水泵装置的总扬程为净扬程、管道总水头损失和

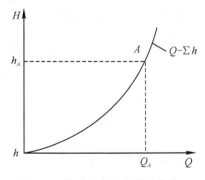

图 5-5　管道水头损失特性曲线

安全水头之和。

在泵站计算中,为了确定泵装置的工况点,我们将利用管道水头损失特性曲线,并且将它与泵站工作的外界条件(如泵的静扬程 H_{ST} 等)联系起来考虑,按式 $H = H_{ST} + \sum h$ 可画出如图 5-6 所示的曲线,我们称此曲线为泵装置的管道系统特性曲线。而管道水头损失特性曲线,只表示当 $H_{ST} = 0$ 时,即管道中水头损失与流量之间的特性曲线的一个特例。

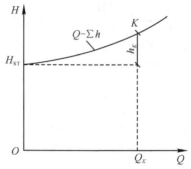

图 5-6　管道系统特性曲线

在实际污水泵站工程中,泵装置的静扬程 H_{ST} 通常是指集水池至高位水池水面间的垂直几何高差。由图可见,通过的流量不同时,每单位重量液体在整个管道中所消耗的能量也不同。例如,该曲线上任意点 K 的一段纵坐标(h_K),表示泵输送流量为 Q_K 将水提升高度为 H_{ST} 时,管道中每单位重量液体所需消耗的能量值。

5.2.3　水泵工况点的求解方法

水泵特性曲线给出了输送特定流量时水泵能够提升的扬程,系统特性曲线给出了系统输送特定流量时需要的扬程;将水泵特性曲线与管道系统特性曲线绘制于同一张图上时,与系统特性曲线有交点的水泵能满足该管道系统的水力特性且在高效段运行,即该水泵满足设备选型要求。并且,只有一种情况水泵能够满足管道系统提升的要求,即水泵特性曲线与管道系统特性曲线的交点,见图 5-7。该交点称作该水泵装置的平衡工况点(也称工作点)。只要外界条件不发生变化,水泵装置将稳定地在这点工作,其出水量为 Q_m,扬程为 H_m。

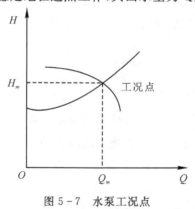

图 5-7　水泵工况点

5.2.4　串联工作的工况点求解

串联工作是指将第一台泵的压水管,作为第二台泵的吸水管,水由第一台泵压入第二台泵,水以同一流量,依次流过各台泵。在串联工作中,水流获得的能量为各台泵所供给能量之和,如图 5-8 所示。

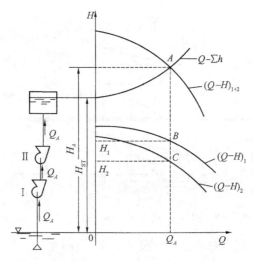

图 5-8　水泵串联工作

串联工作的总扬程为:$H_A = H_1 + H_2$,由此可见,各泵串联工作时,其总和 Q-H 性能曲线等于同一流量下扬程的叠加。只要把参加串联的泵 Q-H 曲线上横坐标相等的各点纵坐标相加,即可得到总和 $(Q-H)_{1+2}$ 曲线,它与管道系统特性曲线交于 A 点。此 A 点的流量为 Q_A、扬程为 H_A,即为串联装置的工况点。自 A 点引竖线分别与各泵的 Q-H 曲线相交于 B 及 C 点,则 B 点及 C 点分别为两台单泵在串联工作时的工况点。

多级泵,实质上就是 n 级泵的串联运行。随着泵制造工艺的提高,目前生产的各种型号泵的扬程,基本上已能满足给水排水工程的要求,所以,排水工程中很少采用串联工作的形式。

5.2.5　并联工作的工况点求解

排水工程中,为了适应各种不同时段管网中水量、水压的变化,常常需要设置多台泵联合工作。这种多台泵联合向同一压力管道输水的情况,称为并联工作。泵并联工作的特点:①可以增加输水量,输水干管中的流量等于各台并联泵出水量之总和;②可以通过开停泵的台数来调节泵站的流量和扬程,以达到节能和应对流量变化的目的;③当并联工作的泵中有一台损坏时,其他几台泵仍可继续供水,因此,泵并联输水提高了泵站运行调度的灵活性和输水的可靠性,是泵站中最常见的一种运行方式。

下面以同型号、同水位的两台泵的并联工作为例,阐述工况点的求解方法。

绘制两台泵并联后的总和 $(Q-H)_{1+2}$ 曲线:由于两台泵同在一个吸水井中抽水,从吸水口 A、B 两点至压水管交汇点 O 的管径相同,长度也相等,故 $\sum h_{AO} = \sum h_{BO}$,$AO$ 与 BO 管中,通过的流量均为 $\dfrac{Q}{2}$,由 OG 管中流入高位水池的总流量为两台泵流量之和。因此,两台泵联合工作的结果,是在同一扬程下流量相叠加。为了绘制并联后的总和特性曲线,我们可以先不考虑管道水头损失,在 $(Q-H)_{1,2}$ 曲线上任取几点,然后,在相同纵坐标值上把相应的流量加倍,即可得 $1'$、$2'$、$3'$、$\cdots$、m' 点,用光滑曲线连接 $1'$、$2'$、$3'$、$\cdots$、m' 点,绘出一条并联后的总和特性曲线$(Q-H)_{1+2}$,如图 5-9 所示。

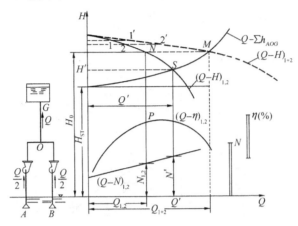

图 5-9 同型号、同水位对称布置的两台水泵并联

图中所注下角"1、2",表示单泵 1 及单泵 2 的$(Q-H)$曲线。下角"1+2"表示两台泵并联工作的总和 $Q-H$ 曲线。上述的这种等扬程下流量叠加的原理称为横加法原理。所谓总和$(Q-H)_{1+2}$曲线的意思,就是把两台参加并联泵的 $Q-H$ 曲线,用一条等值泵的$(Q-H)_{1+2}$曲线来表示。此等值泵的流量,必须具有各台泵在相同扬程时流量的总和。

每台泵的工况点,随着并联台数的增多,而向扬程高的一侧移动。台数过多,就可能使工况点移出高效段的范围。因此,不能简单地理解为增加一倍并联泵的台数,流量就会增加一倍。必须要同时考虑管道的过水能力,经过并联工况的计算和分析后,才能下结论。

5.3 污水泵站的工艺设计

5.3.1 泵的设计流量与设计扬程

1.设计流量

由于泵站需不停地提升、输送流入污水管渠内的污水,应采用最高日最高时污水流量作为污水泵站的设计总流量。

2.设计扬程

污水泵的设计扬程,应根据设计流量时的集水池水位与出水管渠水位差和水泵管路系统的水头损失以及安全水头确定,可按式(5-16)计算。

$$H = H_{ST} + \sum h_f + \sum h_m + \frac{v^2}{2g} \tag{5-16}$$

式中 H——污水泵的设计扬程,m;

H_{ST}——水泵提升的静扬程,m;

$\sum h_f$——污水通过吸水和压水管路的沿程水头损失,m;

$\sum h_m$——污水通过吸水和压水管的局部水头损失,m;由于局部损失占比较大,不可忽略不计;

$v^2/2g$——流速水头,即安全水头,一般取 0.3~0.5 m。

5.3.2　泵的选型及配置

水泵的选择应根据设计流量和设计扬程等因素确定。

每台泵单独设置出水管时,例如,污水处理厂的终点泵站,每台水泵通过各自的管道将水提升至单管出水井,水泵的运行互不干扰。要求所选泵的流量之和应满足输水总流量要求(若选用相同型号的 n 台泵,则单台泵的流量不小于 Q/n),单台泵的扬程满足提升要求,此外,单台泵在集水池水位变化范围内应处于高效段(见图 5-10)。水泵宜选用同一型号,不宜小于 2 台,不宜大于 8 台;工作泵不大于 4 台时,宜备用 1 台,工作泵不小于 5 台时,宜备用 2 台。

多台泵合用一根出水管时,利用水泵并联特性曲线与管道系统特性曲线,通过图解法进行选泵(具体见 5.2.5 节),并应注意无论是并联还是单泵运行都应在高效段内(见图 5-11)。为减少投资,节约电耗,运行安全可靠,每台泵的流量最好相当于 $1/2$~$1/3$ 的设计流量,数量不超过 4 台,且以同型号为好。如选用不同型号的两台泵时,则小泵的出水量应不小于大泵出水量的 $1/2$;如设一大两小共三台泵时,则小泵的出水量不小于大泵出水量的 $1/3$。

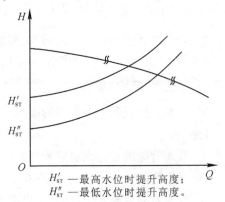

H_{ST}' —最高水位时提升高度;
H_{ST}'' —最低水位时提升高度。

图 5-10　集水池中水位变化时泵工况

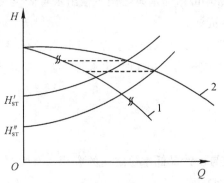

1—单泵特性曲线;2—两台泵并联特性曲线。

图 5-11　泵并联及单独运行时工况

污水泵站中,一般选择立式离心污水泵;当流量大时,可选择轴流泵;当泵房不太深时,也可选用卧式离心泵。对于排除含有酸性或其他腐蚀性工业废水的泵站,应选择耐腐蚀的泵。排除污泥,应尽可能选用污泥泵。

5.3.3　泵与机组的布置

水泵的布置是泵站的关键,为了便于运行、维护,且进出水方便,水泵一般采用单行排列。

主要机组的布置和通道宽度,应满足机电设备安装、运行和操作的要求,并且:水泵机组基础间的静距不宜小于 1.0 m;机组突出部分与墙壁的静距不宜小于 1.2 m;主要通道宽度不宜小于 1.5 m。

水泵机组基座,应按水泵要求配置,并应高出地坪 0.1 m 以上。

配电箱前面通道宽度,低压配电时不宜小于 1.5 m,高压配电时不宜小于 2.0 m。当采用在配电箱后面检修时,后面距墙的净距离不宜小于 1.0 m。

5.3.4 管道的设计要点

泵站内管道敷设一般用明装,布置不得妨碍泵站内的交通和检修工作,不允许装设在电气设备的上空。污水泵站的管道易受腐蚀,钢管抗腐蚀性能较差,一般应做防腐处理。

1.进水(吸水)管路

每台泵应设置一条单独的吸水管,这不仅改善了水力条件,而且可减少杂质堵塞吸水管的可能性。

吸水管路的设计流速宜为 0.7~1.5 m/s;吸水管进口应设喇叭口,其直径为吸水管直径的 1.3~1.5 倍,并安设在集水池的集水坑内。

当泵是非自灌式工作时,应设引水设备。引水设备有真空泵或水射器抽气引水,也可采用密闭水箱注水。当采用真空泵引水时,在真空泵与水泵之间应设置气水分离箱。

2.出水(压水)管路

根据污水提升后与后续管道或构筑物等连接方式不同,污水泵可合用一根出水管或单独设置出水管。

出水管流速宜为 0.8~2.5 m/s,当水泵合用一根出水管而仅一台泵工作时,其流速也不得小于 0.7 m/s,以免管内产生沉淀。

当水泵合用 1 根出水管时,每台水泵的出水管均应设置闸阀,并在闸阀和水泵之间设置止回阀。当水泵的出水管与压力管或压力井相连时,出水管上必须安装止回阀和闸阀等防倒流装置。

5.3.5 集水池的设计

1.集水池的有效容积

集水池的设计最高水位与设计最低水位之间的容积为有效容积,应根据设计流量、水泵能力和水泵工作情况等因素确定。

昼夜运行的大型污水泵站,例如,污水处理厂的终点泵站,集水池的有效容积不应小于最大一台泵 5 min 的出水量。对于小型污水泵站,例如,中途提升泵站,由于夜间的流入量不大,通常在夜间停止运行,集水池容积能满足储存夜间流入水量的要求即可。

2.集水池的结构

(1)最高水位:应按进水管充满度计算,不高于进水管水面标高。

(2)最低水位:应满足所选水泵吸水头的要求,自灌式泵房尚应满足水泵叶轮浸没深度的要求。

(3)有效水深:从最高水位到最低水位,一般取为 1.5~2.0 m。

(4)池底坡度:集水池池底应设集水坑,倾向坑的坡度不宜小于 10%。

(5)集水坑:大小应保证泵有良好的吸水条件,吸水管的喇叭口放在集水坑内,朝向向下,下缘在集水池中最低水位以下 0.4 m,离坑底的距离不小于喇叭口进口直径的 0.8 倍,具体布置如图 5-12 所示。

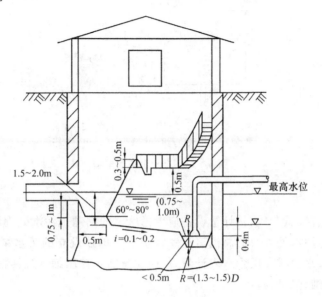

图 5-12 集水池

3.集水池的其他设计事项

流入集水池的污水应通过格栅,用以截留大块悬浮物或漂浮物,以保护水泵叶轮和管配件,避免堵塞或磨损。清理格栅工作平台应比最高水位高出 0.5 m 以上;平台宽度应不小于 0.8~1.0 m;沿平台边缘应有高 1.0 m 的栏杆;为了便于下到池底进行检修和清洗,从工作平台到池底应有爬梯上下。

污水流入集水池前,应设置闸门或闸槽;污水泵站宜设置事故排出口,并应报有关部门批准;集水池应设置冲洗装置,宜设清泥设施。

5.3.6 污水泵站的辅助设施

1.液位控制器

为适应污水泵站开停频繁的特点,往往采用自动控制机组运行。自动控制机组启动停车的信号,通常是由水位继电器发出的。图 5-13 所示为污水泵站中常用的浮球液位控制器工作原理。浮子 1 置于集水池中,通过滑轮 5,用绳 2 与重锤 6 相连,浮子 1 略重于重锤 6。浮子随着池中水位上升与下落,带动重锤下降与上升。在绳 2 上有夹头 7 和 8,水位变动时,夹头能将杠杆 3 拨到上面或下面的极限位置,使触点 4 接通或切断线路 9 与 10,从而发出信号。当继电器接收信号后,即能按事先规定的程序开车或停车。国内使用较多的有 UQK-12 型浮球液位控制器、浮球行程式水位开关、浮球拉线式水位开关。

除浮球液位控制器外,尚有电极液位控制器,其原理是利用污水具有导电性,由液位电极配合继电器实现液位控制。与浮球液位控制器相比,由于它无机械传动部分,从而具有故障少、灵敏度高的优点。按电极配用的继电器类型不同,分为晶体管水位继电器、三极管水位继电器、干簧继电器等。

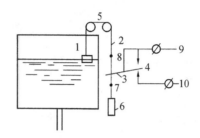

1—浮子；2—绳子；3—杠杆；4—触点；5—滑轮；
6—重锤；7—下夹头；8—上夹头；9、10—线路。

图 5-13　浮子水位继电器

2.计量设备

由于污水中含有机械杂质,其计量设备应考虑堵塞的问题。污水处理厂的终点泵站,可不考虑计量问题,因为污水处理后的总出口设置计量槽。单独设立的污水泵站可采用电磁流量计,也可以采用弯头水表或文氏管水表计量,但应注意防止传压细管被污物堵塞,为此,应有引高压清水冲洗传压细管的措施。

3.采暖与通风设施

集水池不需采暖设备,因为集水池较深,热量不易散失,且污水温度通常不低于10℃。机器间如必须采暖时,一般可采用暖气设施。

地下式泵房在水泵间有顶板结构时,其自然通风条件差,应设置机械送排风综合系统,通风换气次数一般为5～10次/h。

自然通风条件较好的泵房应采用自然通风;自然通风条件一般的泵房可不设通风装置,但检修时应设置通风,且换气次数不小于5次/h;自然通风不能满足要求时,可采用自然进风、机械排风的方式进行通风。

4.起重设备

泵房起重设备应根据吊运的最重部件确定。起重量不大于3 t,宜选用手动或电动葫芦;起重量大于3 t,宜选用电动单梁或双梁起重机。

5.3.7　污水泵站的构造案例

1.某卧式泵的圆形污水泵站

图 5-14 所示为设卧式泵的圆形污水泵站。泵房地下部分为钢筋混凝土结构,地上部分用砖砌结构。用钢筋混凝土隔墙将集水池与机器间分开。内设三台 6PWA 型污水泵(2用1备)。每台泵出水量为 0.11 m³/s,扬程 $H=23$ m。各泵有单独的吸水管,管径为 DN350。由于泵为自灌式,故每条吸水管上均设有闸门。三台泵共用一条压水管。

利用压水管上的弯头水表,作为计量设备。机器间内的污水,在吸水管上接出管径为DN25 的小管伸到集水坑内,当泵工作时,把坑内积水抽走。

从压水管上接出一条直径为 DN50 的冲洗管(在坑内部分为穿孔管),通到集水坑内。

集水池容积按一台泵 5 min 的出水量计算,其容积为 33 m³,有效水深为 2 m,内设一个宽1.5 m 的格栅,安装角度60°。

在机器间起重设备采用单梁吊车,集水池间设置固定吊钩。

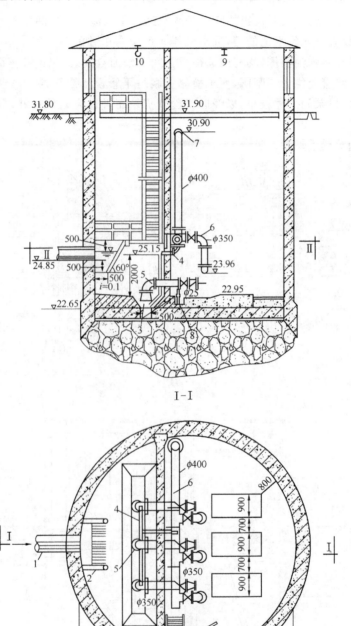

I-I

II-II

1—来水干管;2—格栅;3—吸水坑;4—冲洗水管;5—水泵吸水管;
6—压水管;7—弯头水表;8—φ25吸水管;9—单梁吊车;10—吊钩

图 5-14　卧式泵的圆形污水泵站

2.某立式泵的圆形污水泵站

图 5-15 为设三台立式泵机组的圆形污水泵站。集水池与机器间用不透水的钢筋混凝土隔墙分开,隔墙设置进入集水池的门,进出机器间也设有单独的门。集水池中装有格栅,休息室与厕所分别设在集水池两侧,均有门通往机器间。泵为自灌式,机组开停用浮筒开关装置自动控制。各泵吸水管上均设有闸阀,便于检修。联络干管设于泵房外。电动机及有关电气设备设在楼板上,所以泵间尺寸较小,以降低工程造价。而且通风条件良好,电机运行条件和工人操作环境也好。

起吊设备用单梁手动吊车。

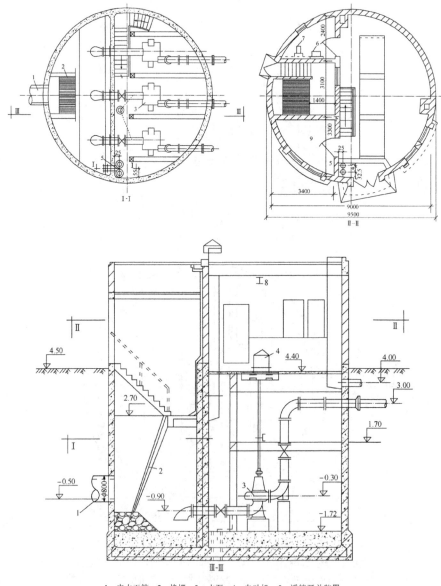

1—来水干管;2—格栅;3—水泵;4—电动机;5—浮筒开关装置;
6—洗面盆;7—大便器;8—单梁手动吊车;9—休息室

图 5-15 立式泵的圆形污水泵站

5.3.8　污水泵站工艺设计案例

1.概况

本泵站为某污水厂的提升泵站,该污水厂设计规模为 10 万 m^3/d,最大日污水量为 12.7 万 m^3/d,最大时污水流量为 1.50 m^3/s。

2.泵房设计

(1)设计总流量。泵站的设计总流量按最大日最大时流量 $Q_{max}=1.50$ m^3/s 设计。

(2)设计扬程。污水厂最低运行水位 357.700 m,污水厂最高运行水位 360.100 m,进水提升泵站出水管管内底高程为 381.200 m,吸水管、压力出水管水头损失为 2.3 m,安全水头取 1.5 m,泵站设计扬程取 28 m。

(3)泵的选型与连接管道。该泵站将污水由集水池提升至高位水池,每台泵设置单独的进、出水管,泵的运行互不干扰,因此,单台泵的扬程满足设计扬程的前提下,各泵的流量之和满足总设计流量的要求。

选用 WQ1800-28-185 潜污泵 4 台,3 用 1 备;单台泵设计参数为:$Q=0.5$ m^3/s, $H=28$ m,$N=185$ kW。

吸水管和压水管的管径分别为 DN500 和 DN400,管中流速分别为 1.27 m/s 和 1.98 m/s。

另外,在泵房内配备两台积水排空泵,一用一库存,单台泵设计参数为:$Q=0.028$ m^3/s, $H=13.0$ m,$N=7.5$ kW。

(4)泵工作方式。泵站集水池内设超声波液位仪表,PLC 系统根据水位测量仪测得的水位值自动控制潜污泵的启停运行。同时系统累计各个泵的运行时间,自动轮换泵,保证各泵累计运行时间基本相等,使其保持最佳运行状态,见表 5-2。

表 5-2　泵型及工作方式

泵的工作方式	平均时流量 $\bar{Q}$	最大时流量 Q_{max}
泵型	WQ1800-28-185	
泵功率	185 kW	
配套电机电压	380 V	
运行方式	工频运转	
工作台数	2	3
备用台数	2	1

(5)集水池。有效调节容积为 150 m^3,大于单台泵 5 min 的抽水量。有效水深设为 2.0 m,平面尺寸为 9000 mm×8500 mm 的方形。

(6)工艺主要设备及材料。主要设备及材料见表 5-3。

表 5-3　主要工艺设备及材料表

序号	设备名称	技术参数	单位	数量	备注
1	潜水污水泵	WQ1800-28-185,$Q=0.5$ m^3/s	台	4	3 用 1 备
2	潜水泥浆泵	HS5540MT,$Q=0.01$ m^3/s	台	2	—

序号	设备名称	技术参数	单位	数量	备注
3	潜水排污泵	SV064B 型,$Q=0.028$ m³/s	台	2	1用1库存
4	铸铁镶铜方形闸门	HZFN－Ⅱ型 1800 mm×1800 mm	台	3	配手电两用
5	铸铁镶铜方形闸门	HZFN－Ⅱ型 1500 mm×1500 mm	台	4	配手电两用
6	橡胶瓣逆止阀	SFCV－0600－B11,DN400	台	4	—
7	橡胶瓣逆止阀	SFCV－0200－B10,DN200	台	1	—

思考题

1.污水泵站常用哪些泵?

2.污水泵站中,如何确定水泵装置的设计扬程?

3.水泵串联工作的特性曲线有何特点?

4.共用一根出水管对水泵并联工作的性能有何影响?

5.如何利用水泵的特性曲线进行泵的选型?

6.污水处理厂中,如何确定各构筑物水面的相对高程?

7.如何确定集水池的池容?

附　　录

附录2-1　非满管流水力计算图（钢筋混凝土管，n＝0.014）

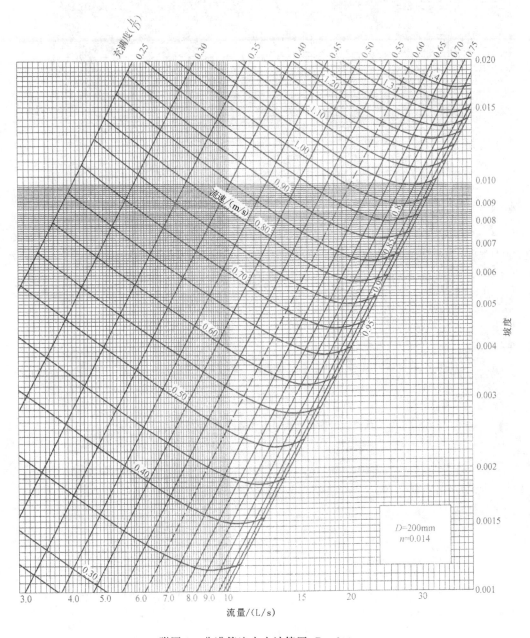

附图1　非满管流水力计算图，D＝200 mm

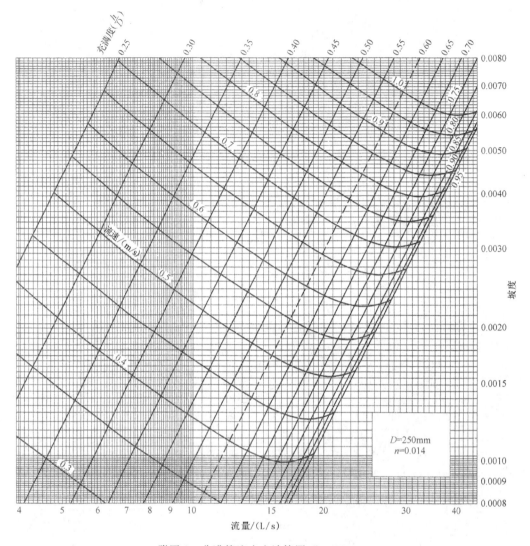

附图 2　非满管流水力计算图，$D=250$ mm

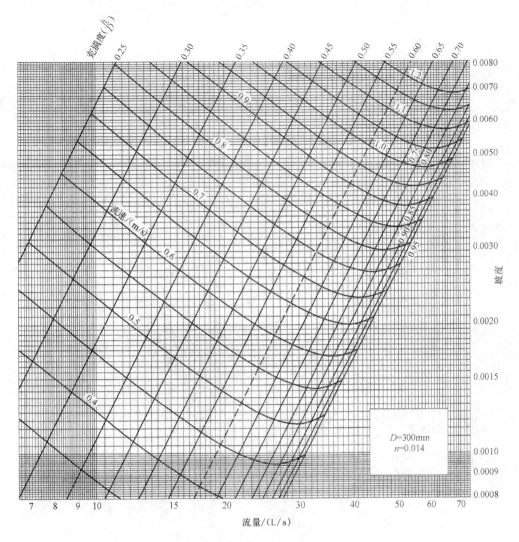

附图3　非满管流水力计算图，$D=300$ mm

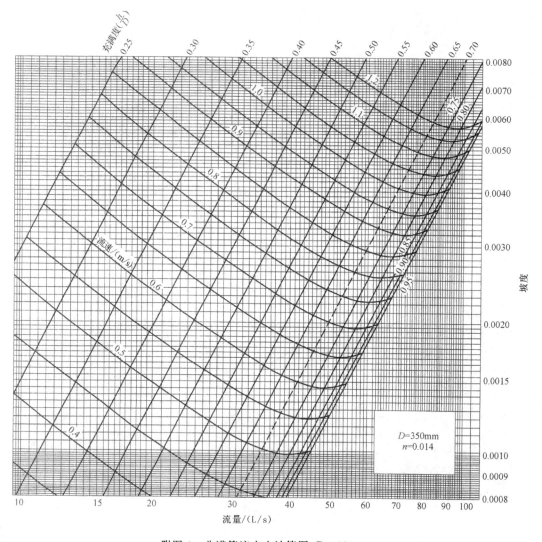

附图 4　非满管流水力计算图，$D=350$ mm

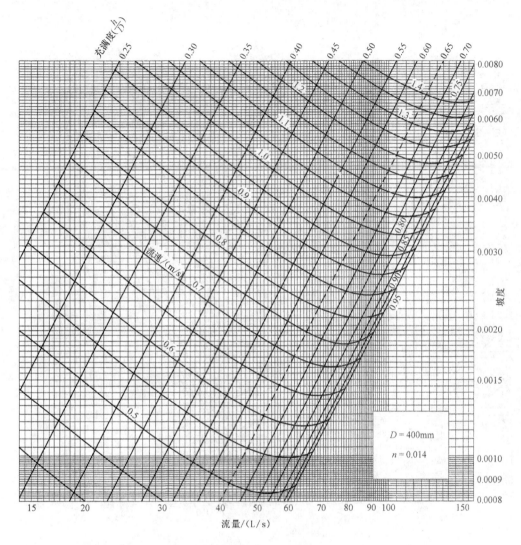

附图 5　非满管流水力计算图，$D = 400$ mm

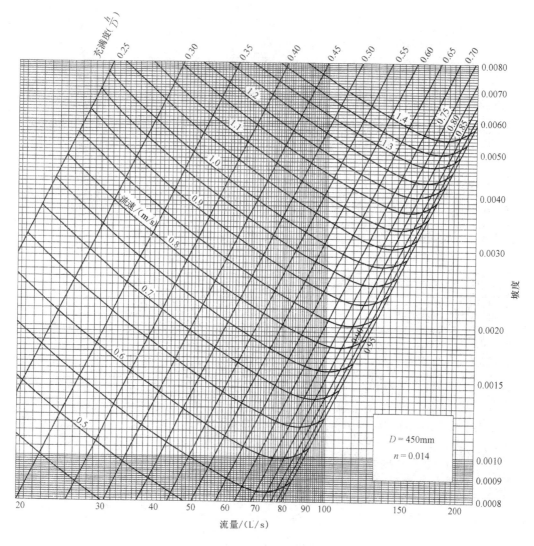

附图6　非满管流水力计算图，$D=450$ mm

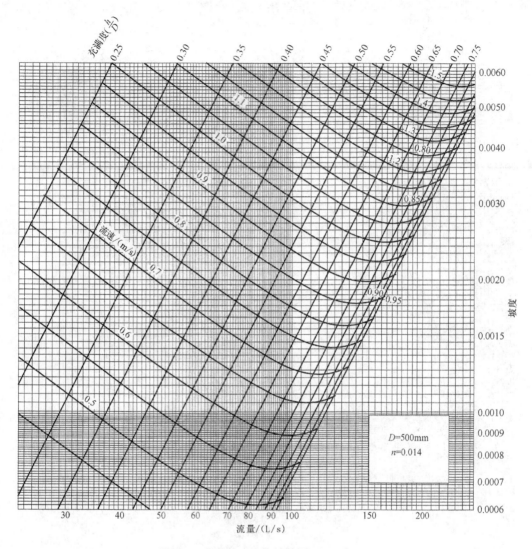

附图 7　非满管流水力计算图，$D = 500$ mm

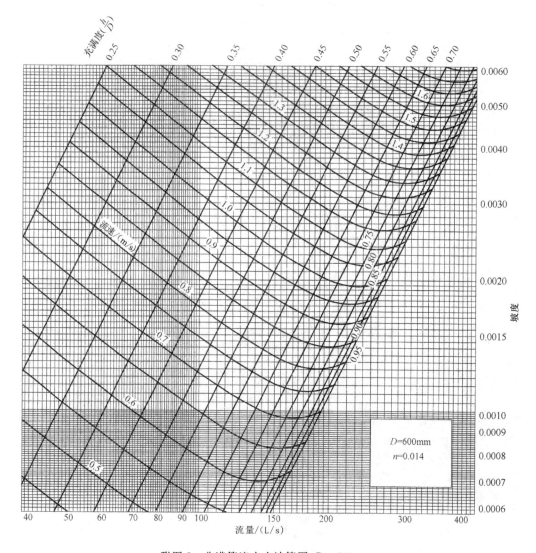

附图 8　非满管流水力计算图，$D=600$ mm

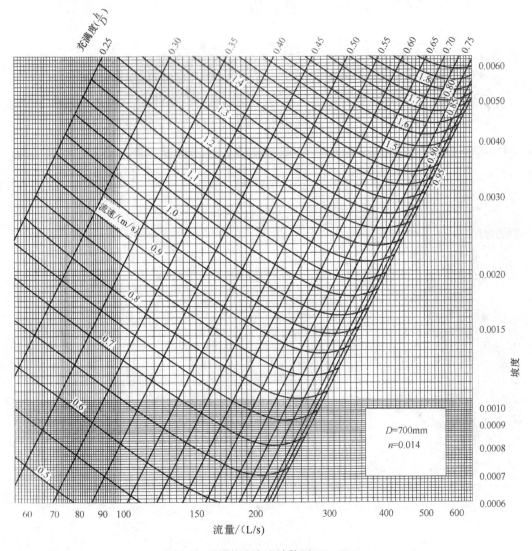

附图 9　非满管流水力计算图，$D=700\ \mathrm{mm}$

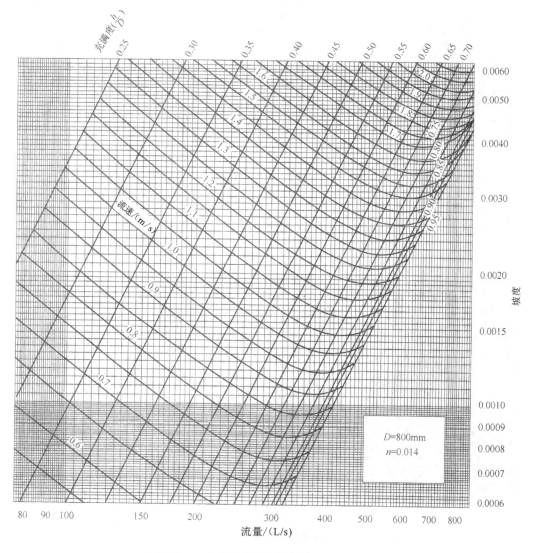

附图 10　非满管流水力计算图，$D=800$ mm

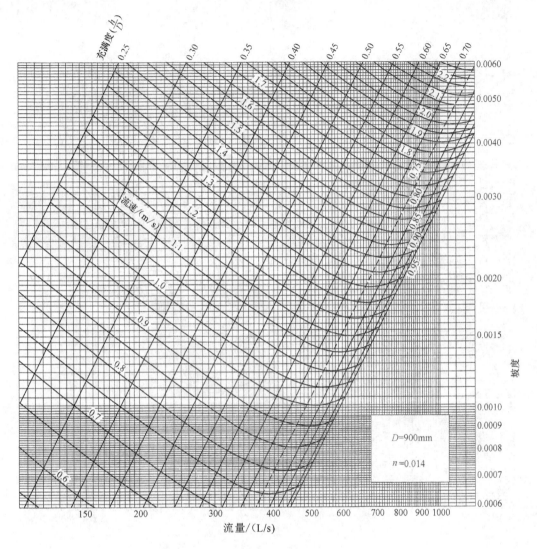

附图 11　非满管流水力计算图，$D=900$ mm

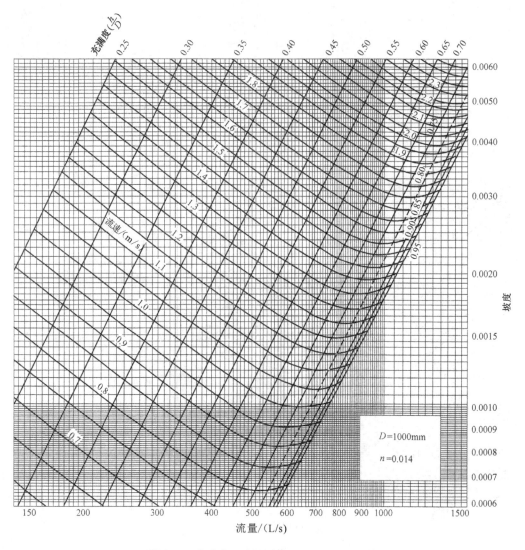

附图 12　非满管流水力计算图，$D＝1000$ mm

附录 3-1　我国部分城市暴雨强度公式

省、自治区、直辖市	城市名称	暴雨强度公式	资料记录年数/a
北京	北京	$q=\dfrac{2001(1+0.811\lg P)}{(t+8)^{0.711}}$	40
上海	上海	$i=\dfrac{9.45+6.7932\lg T_E}{(t+5.54)^{0.6514}}$	41
天津	天津	$q=\dfrac{3833.34(1+0.85\lg P)}{(t+17)^{0.85}}$	50
河北	石家庄	$q=\dfrac{1689(1+0.85\lg P)}{(t+7)^{0.729}}$	20
河北	保定	$i=\dfrac{14.973+10.266\lg T_E}{(t+13.877)^{0.776}}$	23
山西	太原	$q=\dfrac{1446.22(1+0.867\lg T)}{(t+5)^{0.796}}$	25
山西	大同	$q=\dfrac{2684(1+0.85\lg T)}{(t+13)^{0.947}}$	25
山西	长治	$q=\dfrac{3340(1+1.43\lg T)}{(t+15.8)^{0.93}}$	27
内蒙古	包头	$q=\dfrac{9.96(1+0.955\lg T)}{(t+5.40)^{0.85}}$	25
内蒙古	海拉尔	$q=\dfrac{2630(1+1.05\lg P)}{(t+10)^{0.99}}$	25
黑龙江	哈尔滨	$q=\dfrac{2989.5(1+0.95\lg P)}{(t+11.77)^{0.88}}$	32
黑龙江	齐齐哈尔	$q=\dfrac{1920(1+0.89\lg P)}{(t+6.4)^{0.86}}$	33
黑龙江	大庆	$q=\dfrac{1820(1+0.91\lg P)}{(t+8.3)^{0.77}}$	18
黑龙江	黑河	$q=\dfrac{2608(1+0.83\lg P)}{(t+8.5)^{0.93}}$	22
吉林	长春	$q=\dfrac{896(1+0.68\lg P)}{t^{0.6}}$	25
吉林	吉林	$q=\dfrac{2166(1+0.680\lg P)}{(t+7)^{0.831}}$	26
吉林	海龙	$i=\dfrac{16.4(1+0.899\lg P)}{(t+10)^{0.867}}$	30

省、自治区、直辖市	城市名称	暴雨强度公式	资料记录年数/a
辽宁	沈阳	$q=\dfrac{11.522+9.348\lg P_E}{(t+8.196)^{0.738}}$	26
	丹东	$q=\dfrac{1221(1+0.668\lg P)}{(t+7)^{0.605}}$	31
	大连	$q=\dfrac{1900(1+0.66\lg P)}{(t+8)^{0.8}}$	10
	锦州	$q=\dfrac{2322(1+0.875\lg P)}{(t+10)^{0.79}}$	28
山东	济南	$q=\dfrac{1869.916(1+0.7573\lg P)}{(t+11.0911)^{0.6645}}$	
	烟台	$i=\dfrac{6.912+7.373\lg T_E}{(t+3.626)^{0.622}}$	
	潍坊	$q=\dfrac{4091.17(1+0.824\lg P)}{(t+16.7)^{0.87}}$	20
	枣庄	$i=\dfrac{65.512+52.455\lg T_E}{(t+22.378)^{1.069}}$	15
江苏	南京	$q=\dfrac{2989.3(1+0.671\lg P)}{(t+13.3)^{0.8}}$	40
	徐州	$q=\dfrac{1510.7(1+0.514\lg P)}{(t+9)^{0.64}}$	23
	扬州	$q=\dfrac{8248.13(1+0.64\lg P)}{(t+40.3)^{0.95}}$	20
	南通	$q=\dfrac{2007.34(1+0.752\lg P)}{(t+17.9)^{0.71}}$	31
安徽	合肥	$q=\dfrac{3600(1+0.76\lg P)}{(t+14)^{0.84}}$	25
	蚌埠	$q=\dfrac{2550(1+0.77\lg P)}{(t+12)^{0.774}}$	24
	安庆	$q=\dfrac{1986.8(1+0.777\lg P)}{(t+8.404)^{0.689}}$	25
	淮南	$i=\dfrac{12.18(1+0.71\lg P)}{(t+6.29)^{0.71}}$	26
浙江	杭州	$i=\dfrac{20.120+0.639\lg P}{(t+11.945)^{0.823}}$	24
	宁波	$i=\dfrac{154.467+109.494\lg T_E}{(t+34.516)^{1.177}}$	18

省、自治区、直辖市	城市名称	暴雨强度公式	资料记录年数/a
江西	南昌	$q = \dfrac{1386(1+0.69\lg P)}{(t+1.4)^{0.64}}$	7
	赣州	$q = \dfrac{3173(1+0.56\lg P)}{(t+10)^{0.79}}$	8
福建	福州	$q = \dfrac{2136.312(1+0.700\lg T_E)}{(t+7.576)^{0.711}}$	24
	厦门	$q = \dfrac{1432.348(1+0.5821\lg T_E)}{(t+4.560)^{0.633}}$	7
河南	安阳	$q = \dfrac{3680\,P^{0.4}}{(t+16.7)^{0.858}}$	25
	开封	$q = \dfrac{4801(1+0.74\lg P)}{(t+17.4)^{0.913}}$	16
	新乡	$q = \dfrac{1102(1+0.623\lg P)}{(t+3.20)^{0.60}}$	21
	南阳	$i = \dfrac{3.591+3.970\lg T_M}{(t+3.434)^{0.416}}$	28
	郑州	$q = \dfrac{3073(1+0.892\lg P)}{(t+15.1)^{0.024}}$	
	洛阳	$q = \dfrac{3336(1+0.827\lg P)}{(t+14.8)^{0.884}}$	
湖北	汉口	$q = \dfrac{983(1+0.65\lg P)}{(t+4)^{0.56}}$	
	老河口	$q = \dfrac{6400(1+1.059\lg P)}{t+23.36}$	25
	黄石	$q = \dfrac{2417(1+0.79\lg P)}{(t+7)^{0.7655}}$	28
	沙市	$q = \dfrac{648.7(1+0.854\lg P)}{t^{0.526}}$	20
湖南	长沙	$q = \dfrac{3920(1+0.68\lg P)}{(t+17)^{0.86}}$	20
	常德	$i = \dfrac{6.890+6.251\lg T_E}{(t+4.367)^{0.602}}$	20
	益阳	$q = \dfrac{914(1+0.882\lg P)}{t^{0.584}}$	11
广东	广州	$q = \dfrac{2424.17(1+0.533\lg P)}{(t+11.0)^{0.668}}$	31
	佛山	$q = \dfrac{1930(1+0.58\lg P)}{(t+9)^{0.66}}$	16

省、自治区、直辖市	城市名称	暴雨强度公式	资料记录年数/a
海南	海口	$q=\dfrac{2338(1+0.4\lg P)}{(t+9)^{0.65}}$	20
广西	南宁	$i=\dfrac{32.827+18.194\lg T_E}{(t+18.880)^{0.851}}$	21
	桂林	$q=\dfrac{4230(1+0.402\lg P)}{(t+13.5)^{0.841}}$	19
	北海	$q=\dfrac{1625(1+0.437\lg P)}{(t+4)^{0.57}}$	18
	梧州	$q=\dfrac{2670(1+0.466\lg P)}{(t+7)^{0.72}}$	15
陕西	西安	$i=\dfrac{16.8815(1+1.317\lg T_E)}{(t+21.5)^{0.9227}}$	22
	延安	$i=\dfrac{5.582(1+1.292\lg P)}{(t+8.22)^{0.7}}$	22
	宝鸡	$q=\dfrac{1838.6(1+0.94\lg P)}{(t+12)^{0.932}}$	20
	汉中	$q=\dfrac{434(1+1.04\lg P)}{(t+4)^{0.518}}$	19
宁夏	银川	$q=\dfrac{242(1+0.83\lg P)}{t^{0.477}}$	6
甘肃	兰州	$i=\dfrac{6.8625+9.1284\lg T_E}{(t+12.6956)^{0.830818}}$	27
甘肃	平凉	$i=\dfrac{4.452+4.841\lg T_E}{(t+2.570)^{0.668}}$	22
青海	西宁	$q=\dfrac{461.9(1+0.993\lg P)}{(t+3)^{0.686}}$	26
新疆	乌鲁木齐	$q=\dfrac{195(1+0.82\lg P)}{(t+7.8)^{0.63}}$	17
重庆	重庆	$q=\dfrac{2509(1+0.845\lg P)}{(t+14.095)^{0.753}}$	8
四川	成都	$q=\dfrac{2806(1+0.803\lg P)}{(t+12.8\,P^{0.231})^{0.768}}$	17
	渡口	$q=\dfrac{2495(1+0.491\lg P)}{(t+10)^{0.84}}$	14
	雅安	$i=\dfrac{7.622(1+0.63\lg P)}{(t+6.64)^{0.56}}$	30

省、自治区、 直辖市	城市名称	暴雨强度公式	资料记录年数/a
贵州	贵阳	$q=\dfrac{1887(1+0.707\lg P)}{(t+9.35\,P^{0.031})^{0.695}}$	13
	水城	$i=\dfrac{42.25+62.60\lg P}{t+35}$	19
云南	昆明	$i=\dfrac{8.918+6.183\lg T_E}{(t+10.247)^{0.649}}$	16
	下关	$q=\dfrac{1534(1+1.035\lg P)}{(t+9.86)^{0.762}}$	18

注:1.表中 P、T 代表设计降雨的重现期;T_E 代表非年最大值法选样的重现期;T_M 代表年最大值法选样的重现期。

2.i 的单位是 mm/min,q 的单位是 L/(s·hm²)。

3.此附录摘自《全国民用建筑工程设计技术措施》给水排水,2009,附录 E-1。

附录 3－2　满管流水力计算图（钢筋混凝土管，$n＝0.013$）

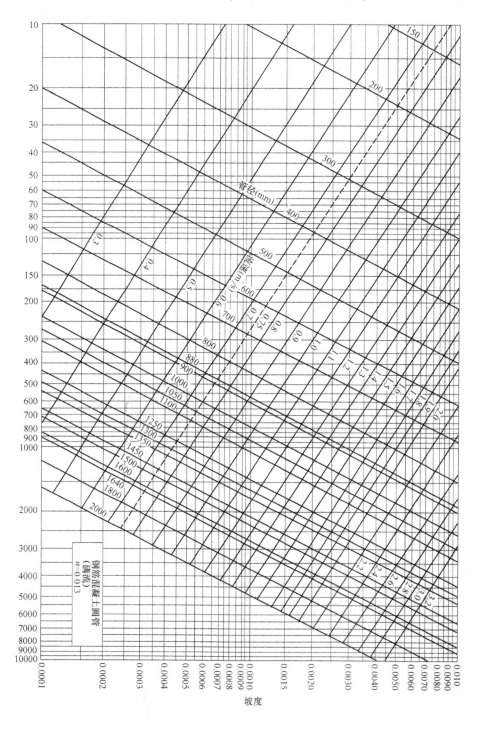

附图 13

附录 5-1　钢管和铸铁管水力计算所用的计算内径(d_j)尺寸

钢管/mm											铸铁管/mm	
普通水煤气管				中等管径				大管径				
公称直径	外径	内径	计算内径	公称直径	外径	内径	计算内径	公称直径	外径	计算内径①	内径	计算内径
DN	D	d	d_j	DN	D	d	d_j	DN	D	d_j	d	d_j
8	13.50	9.00	8.00	125	146	126	125	400	426	406	50	49
10	17.00	12.50	11.50	150	168	148	147	450	478	458	75	74
15	21.25	15.75	14.75	175	194	174	173	500	529	509	100	99
20	26.75	21.25	20.25	200	219	199	198	600	630	610	125	124
25	33.50	27.00	26.00	225	245	225	224	700	720	700	150	149
32	42.25	35.75	34.75	250	273	253	252	800	820	800	200	199
40	48.00	41.00	40.00	275	299	279	278	900	920	900	250	249
50	60.00	53.00	52.00	300	325	305	305	1000	1020	1000	300	300
70	75.50	68.00	67.00	325	351	331	331	1200	1220	1200	350	350
80	88.50	80.50	79.50	350	377	357	357	1300	1320	1300	400	400
100	114.00	106.00	106.00					1400	1420	1400	450	450
125	140.00	131.00	131.00					1500	1520	1500	500	500
150	165.00	156.00	156.00					1600	1620	1600	600	600
								1800	1820	1800	700	700
								2000	2020	2000	800	800
								2200	2220	2200	900	900
								2400	2420	2400	1000	1000
								2600	2620	2600	1100	1100
											1200	1200
											1300	1300
											1400	1400
											1500	1500

注：①为壁厚 10 mm 的管子。

附录 5-2　壁厚对水力坡降 i（或比阻 A 值）影响的修正系数 K_1

公称直径 DN/mm	壁厚 δ/mm										
	4	5	6	7	8	9	10	11	12	13	14
125	0.61	0.66	0.72	0.78	0.85	0.92	1	1.09	1.18	1.3	1.42
150	0.66	0.70	0.76	0.81	0.88	0.93	1	1.08	1.16	1.25	1.35
175	0.70	0.74	0.79	0.83	0.89	0.94	1	1.06	1.13	1.21	1.29
200	0.73	0.77	0.81	0.85	0.90	0.95	1	1.06	1.12	1.18	1.24
225	0.76	0.79	0.83	0.87	0.91	0.95	1	1.05	1.10	1.15	1.21
250	0.78	0.81	0.86	0.88	0.92	0.96	1	1.04	1.09	1.14	1.19
275	0.80	0.83	0.86	0.89	0.93	0.96	1	1.04	1.08	1.12	1.17
300	0.81	0.84	0.87	0.90	0.93	0.97	1	1.03	1.07	1.11	1.15
325	0.83	0.85	0.88	0.91	0.93	0.97	1	1.03	1.07	1.10	1.14
350	0.84	0.86	0.89	0.92	0.94	0.97	1	1.03	1.06	1.09	1.13
400		0.88	0.90	0.93	0.95	0.97	1	1.03	1.05	1.08	1.11
450		0.89	0.91	0.93	0.95	0.98	1	1.02	1.05	1.07	1.10
500						0.98	1	1.02	1.04	1.06	1.09
600						0.98	1	1.02	1.04	1.05	1.07
700						0.98	1	1.02	1.03	1.05	1.06
800						0.99	1	1.01	1.03	1.04	1.05
900						0.99	1	1.01	1.02	1.04	1.05
1000						0.99	1	1.01	1.02	1.03	1.04
1200							1	1.01	1.02	1.03	1.04
1300							1	1.01	1.02	1.02	1.03
1400							1	1.01	1.02	1.02	1.03
1500							1			1.02	1.03
1600							1			1.02	1.03
1800							1			1.02	1.02
2000							1			1.02	1.02
2200							1			1.01	1.02
2400							1			1.01	1.02
2600							1			1.01	1.02

附录 5-3　壁厚对流速 v 值影响的修正系数 K_2

公称直径	壁厚 δ/mm										
DN/mm	4	5	6	7	8	9	10	11	12	13	14
125	0.83	0.86	0.88	0.91	0.94	0.97	1	1.03	1.07	1.10	1.14
150	0.85	0.88	0.90	0.92	0.95	0.97	1	1.03	1.05	1.09	1.12
175	0.87	0.89	0.91	0.93	0.96	0.98	1	1.02	1.05	1.07	1.10
200	0.89	0.91	0.92	0.94	0.97	0.98	1	1.02	1.04	1.06	1.09
225	0.91	0.92	0.93	0.95	0.97	0.98	1	1.02	1.04	1.05	1.08
250	0.92	0.93	0.94	0.95	0.97	0.98	1	1.02	1.03	1.05	1.07
275	0.93	0.93	0.94	0.96	0.97	0.99	1	1.01	1.03	1.04	1.06
300	0.93	0.94	0.95	0.96	0.97	0.99	1	1.01	1.03	1.04	1.05
325	0.93	0.94	0.95	0.96	0.98	0.99	1	1.01	1.02	1.04	1.05
350	0.94	0.95	0.96	0.97	0.98	0.99	1	1.01	1.02	1.03	1.04
400		0.95	0.96	0.97	0.98	0.99	1	1.01	1.02	1.03	1.04
450		0.96	0.97	0.97	0.98	0.99	1	1.01	1.02	1.03	1.03
500		0.96	0.97	0.98	0.98	0.99	1	1.01	1.01	1.02	1.03
600		0.97	0.97	0.98	0.99	0.99	1	1.01	1.01	1.02	1.03
700						0.99	1	1.00	1.01	1.02	1.02
800						1.00	1	1.00	1.01	1.01	1.02
900						1.00	1	1.00	1.01	1.01	1.02
1000						1.00	1	1.00	1.01	1.01	1.02
1200							1	1.00	1.01	1.01	1.01
1300							1	1.00	1.01	1.01	1.01
1400							1	1.00	1.01	1.01	1.01
1500							1		1.005	1.01	1.01
1600							1			1.01	1.01
1800							1			1.01	1.01
2000							1			1.01	1.01
2200							1			1.005	1.007
2400							1			1.005	1.0067
2600							1			1.004	1.006

附录 5-4 钢管的比阻 A 值

水煤气管			中等管径		大管径	
公称直径 DN/mm	A (Qm³·s⁻¹)	A (QL·s⁻¹)	公称直径 DN/mm	A (Qm³·s⁻¹)	公称直径 DN/mm	A (Qm³·s⁻¹)
8	225500000	225.5	125	106.2	400	0.2062
10	32950000	32.95	150	44.95	450	0.1089
15	8809000	8.809	175	18.96	500	0.06222
20	1643000	1.643	200	9.273	600	0.02384
25	436700	0.4367	225	4.822	700	0.0115
32	93860	0.09386	250	2.583	800	0.005665
40	44530	0.04453	275	1.535	900	0.003034
50	11080	0.01108	300	0.9392	1000	0.001736
70	2893	0.002893	325	0.6088	1200	0.0006605
80	1168		350	0.4078	1300	0.0004322
100	267.4				1400	0.0002918
125	86.23				1500	0.0002024
150	33.95				1600	0.0001438
					1800	0.00007702
					2000	0.00004406
					2200	0.00002659
					2400	0.00001677
					2600	0.00001097

附录 5-5　铸铁管的比阻 A 值

内径/mm	$A(Q\mathrm{m}^3 \cdot \mathrm{s}^{-1})$	内径/mm	$A(Q\mathrm{m}^3 \cdot \mathrm{s}^{-1})$
50	15190	500	0.06839
75	1709	600	0.02602
100	365.3	700	0.01150
125	110.8	800	0.005665
150	41.85	900	0.003034
200	9.029	1000	0.001736
250	2.752	1100	0.001048
300	1.025	1200	0.0006605
350	0.4529	1300	0.0004322
400	0.2232	1400	0.0002918
450	0.1195	1500	0.0002024

附录 5-6 流速对比阻 A 值影响的修正系数 K_3

$v/m \cdot s^{-1}$	0.2	0.25	0.3	0.35	0.4	0.45	0.5	0.55	0.6
K_3	1.41	1.33	1.28	1.24	1.20	1.175	1.15	1.13	1.115
$v/m \cdot s^{-1}$	0.65	0.7	0.75	0.8	0.85	0.9	1.0	1.1	$\geqslant 1.2$
K_3	1.10	1.085	1.07	1.06	1.05	1.04	1.03	1.015	1.00

参考文献

[1] 张智. 排水工程(上册)[M].5 版. 北京:中国建筑工业出版社,2015.

[2] 严煦世,刘遂庆.给水排水管网系统[M].3 版. 北京:中国建筑工业出版社,2014.

[3] 上海市住房和城乡建设管理委员会. 室外排水设计标准(GB50014—2021). 北京:中国计划出版社,2021.

[4] 姜乃昌. 泵与泵站[M].5 版. 北京:中国建筑工业出版社,2007.

[5] 李树平,刘遂庆. 城市排水管渠系统[M].2 版. 北京:中国计划出版社,2016.

[6] 北京市市政工程设计研究总院.给水排水设计手册(第 1 册、第 5 册).北京:中国建筑工业出版社,2004.

[7] FU X, GODDARD H, WANG X, HOPTONM E. Development of a scenario-based stormwater management planning support system for reducing combined sewer overflows (CSOs)[M]. Journal of Environmental Management, 2019, 236:571 - 580.

[8] ARTIOLA J F, WALWORTH J L, MUSIL S. A. Environmental and Pollution Science (Third Edition)[M]. United States:Academic Press, 2019.

[9] SUSANNE M C, COLIN A B, KEMI A. Sustainable WaterEngineering, Susan Dennis, 2020,12.